U0931410

思考改变命运，思考决定成败，命运藏匿在思考里。

一本让你大脑开窍的思考魔法书，一次刷新你思维的洗脑革命。
26个顶级思考方法，全面开发你的思考潜能，极速提升思考力。

学一点思考的魔法，你也可以是大脑强人

神奇巧妙的思考魔法书，大脑强人的晋级手册

青蛙王子◎著

图书在版编目（CIP）数据

学一点思考的魔法，你也可以是大脑强人 / 青蛙王子著. -- 上海: 立信会计出版社, 2015.3

（去梯言）

ISBN 978-7-5429-4432-0

Ⅰ. ①学… Ⅱ. ①青… Ⅲ. ①思维方法—通俗读物
Ⅳ. ①B804-49

中国版本图书馆CIP数据核字（2015）第003675号

策划编辑　蔡伟莉
责任编辑　徐小霞
封面设计　久品轩

学一点思考的魔法，你也可以是大脑强人

出版发行	立信会计出版社		
地　　址	上海市中山西路2230号	邮政编码	200235
电　　话	（021）64411389	传　　真	（021）64411325
网　　址	www.lixinaph.com	电子邮箱	lxaph@sh163.net
网上书店	www.shlx.net	电　　话	（021）64411071
经　　销	各地新华书店		

印　　刷	固安县保利达印务有限公司		
开　　本	720毫米×1000毫米	1/16	
印　　张	20	插　　页	1
字　　数	226千字		
版　　次	2015年3月第1版		
印　　次	2015年3月第1次		
书　　号	ISBN 978-7-5429-4432-0/B		
定　　价	36.00元		

前 言
PREFACE

人类离不开思考，自从人类呱呱坠地来到这个世界，思考活动便开始了。

篮子里有四个苹果，由四个小孩子平均分，到最后，篮子里还有一个苹果。请问，他们是怎样分的？

这个时候，你陷入了思考中，在动用思考方法解决问题。那么，什么是思考呢？

思考，重点在于思。所谓思也就是“想”，就是开动脑筋、想办法，让人的大脑细胞处于活动的状态。一个正常的醒着的人无时无刻不在想，想什么呢？有许许多多想的方式，如联想、回想、推想、幻想、梦想、猜想、构想、遐想、冥想、臆想、狂想、妄想……从思考科学上说，每一种方式代表一种思想活动，也是一种思考方法的反映。

回到上面所说的问题，答案是怎样的呢？

这个问题的答案只能是：四个小孩一人一个。这个答案，许多人可能不服气：不是说四个孩子平均分四个苹果吗？那篮子里剩下的一个怎么解释呢？首先，题目中并没有“剩下”的字眼；其次，那三个小孩子拿了应得的一份，最后一份当然是最后一个孩子的。至于他把苹果留在篮子里或者拿在手上，这并没有什么区别。答案的过程就是一个运用思考方法解决问题的过程，思考在解决问题中更是一种能力的体现。

“学而不思则罔，思而不学则殆。”这是2500年前中国伟大的思想家、教育家孔子的语录。意思是说，一个人的学习，倘若只知死记硬背，而不加以思考、消化，那他就会毫无收获。学习需要思考，工作需要思考，管理需要思考，发明需要思考，创新需要思考，就连日常的人际交往也需要思考。思考的力量是巨大的。思考，是开发大脑潜能的钥匙，是发明创造的源泉，是人类进步的阶梯。正是思考，人们从五禽动作悟出神奇医术，从舞剑悟到书法之道，从飞鸟飞翔造出飞机，从蝙蝠飞行联想到电波，从苹果落地悟出万有引力，从澡堂洗澡发现浮力定律……

成功的奥秘、命运的密码就藏匿在我们的思考里。在当今信息日新月异的时代，不论是何种行业、何种领域，都需要有高超的思考能力，因为我们正处在一个高智能的时代，提高思考能力不再是对某类职业、某类人的要求，它已经渗透到社会生活的各个层面，成为对所有职业、所有人的要求，这是我们这个新时代的竞争游戏规则决定的，要想参赛就必须遵守这种规则，否则只会被无情地淘汰出局。

如果你是一个不甘平庸、渴望成功的人，如果你在通往梦想的道路上迷失了方向，如果你面对困难踌躇不前、犹豫不决，如果你渴望有一种力量支撑你走向成功的尽头、欣赏最美丽的风景，那么就得从思考入手。如今不是发挥愚公移山的精神就能够取得成功的年代，只有善于思考、善于创新的人才更容易成功。善于思考，就会有好的思路，有好的思路就会有好的出路。思考，让你多了一双睿智的眼睛，时时给自己添一些远见、一些清醒、一些对现实更为透彻的体察与认知。

那么，思考的机理和过程究竟是怎样的？思考活动是自动完成的吗？

能不能通过主观努力来管理和控制它？创造性的思考力是与生俱来、不能习得的吗？只有高智商的人才具有创造力？思考有规律可循吗？思考有可借鉴的方法吗？

《学一点思考的魔法，你也可以是大脑强人》如同一本思考魔法书，为你揭开了思考的奥秘。本书着眼于现代人应具备的能力和素质，总结了各种高效思考方法，同时综合了最新的有关思考的科研成果。全书打破了单调、机械地讲解思考方法的俗套，以深入浅出的文字、鲜活有趣的事例，融合心理学、生理学、社会学、教育学、逻辑学等学科知识和原理，从原理、训练、应用三大方面，穿插图形和表格，深刻而又生动地探讨了思考的方法和窍门，为广大读者突破思考瓶颈、提升思考能力提供了有力的帮助和科学的指南。书中所讲解的思考方法针对性和实用性都很强，一看就懂，一学就会，不仅适用于广大莘莘学子，也适用于已经走上社会工作岗位的各类成人读者。

打开本书，如同打开一个思考方法的魔盒，收敛思考法、发散思考法、逆向思考法、质疑思考法、抽象思考法、演绎思考法、类比思考法、博弈思考法、联想思考法、伪生思考法……一个个充满魔力的思考方法纷至沓来，让你应接不暇、大开眼界，又惊叹不已、受益无穷！

知识经济时代，一切竞争最终都是脑力的竞争、智能的竞争。谁的脑力开发程度高，谁的智能就强大，技高一筹，事半功倍，在竞争中占据先机，立于时代大潮的巅峰。而思考力的开发和提高无疑是提高脑力和智能的重要手段。

学习思考的魔法，走出思考定势，激活思考本能。掌握思考的魔法，做大脑强人、时代精英！

目 录
CONTENTS

第一章 破解思考魔咒，做大脑思考强人

训练1：换一种思考方式生存 ………………………… 002

训练2：识破思考定式陷阱 ………………………… 003

训练3：克服思考定式 ………………………… 006

训练4：逆向思考，打破思考定式 ………………………… 008

非常测试：你有创造性思考能力吗 ………………………… 009

练习 ………………………… 013

第二章 收敛思考法：众矢射向靶中心

原理 ………………………… 016

训练1：目标识别法 ………………………… 017

训练2：间接注意法 ………………………… 019

训练3：层层剥笋法 ………………………… 022

练习 ………………………… 025

第三章 发散思考法：穿越思维长隧道

原理 ………………………… 028

训练1：纵横思考法 …… 033
训练2：分合思考法 …… 033
训练3：扫清心理障碍，大胆创新 …… 034
非常测试：你有发散思考能力吗 …… 036
练习 …… 039

第四章　逆向思考法：“背道而驰”通坦途

原理 …… 042
训练1：倒推型逆向思考法 …… 044
训练2：转换型逆向思考法 …… 046
训练3：因果相生逆向思考法 …… 047
训练4：习惯逆向思考法 …… 049
训练5：位置互换思考法 …… 051
非常测试：你有逆向思考能力吗 …… 053
练习 …… 057

第五章　质疑思考法：打破沙锅问到底

原理 …… 062
训练：质疑提问的技巧 …… 064
练习 …… 066

第六章　抽象思考法：抽蚕剥丝露真容

原理 …… 068

训练1：培养抽象思考能力 …… 069
训练2：培养个人的统摄思考能力 …… 070
应用：抽象思考法在学校学习中的应用特点 …… 070
非常测试：你有抽象思考能力吗 …… 071
练习 …… 075

第七章 形象思考法：若有所思入佳境

原理 …… 078
训练1：累积形象材料 …… 079
训练2：积极开展联想和想象活动 …… 080
训练3：建构知识整体学习法 …… 081
训练4：促进右脑功能发展的训练 …… 082
训练5：培养良好想象品质 …… 083
练习 …… 084

第八章 归纳思考法：归总前提得结论

原理 …… 086
训练1：完全归纳推理 …… 088
训练2：不完全归纳推理 …… 089
训练3：科学归纳推理 …… 090
应用：归纳推理可应用于各个领域 …… 091
练习 …… 093

第九章　演绎思考法：破旧立新演神奇

原理 …… 096
训练1：演绎推理法的方向性 …… 098
训练2：演绎推理法的因果性 …… 099
训练3：演绎推理法的有效性 …… 099
应用：数学家的年龄 …… 100
练习 …… 101

第十章　理性思考法：千头万绪“理”出来

原理 …… 104
训练1：提出问题 …… 105
训练2：分析情况 …… 106
训练3：找出可行的解决办法 …… 108
训练4：检验和证明 …… 109
应用：作为护林员，你该怎么做 …… 109
练习 …… 113

第十一章　直觉思考法：感觉靠谱不靠谱

原理 …… 116
训练1：暴风骤雨式联想训练法 …… 117
训练2：笛卡尔连接法式训练法 …… 119
应用：苯环结构式的发现 …… 120
非常测试：你是一个直觉感很强的人吗 …… 122
练习 …… 124

第十二章　类比思考法：分类比较事了然

原理 …… 126

训练1：直接类比法 …… 127

训练2：间接类比法 …… 128

训练3：幻想类比法 …… 129

训练4：因果类比法 …… 129

训练5：仿生类比法 …… 130

训练6：综摄类比法 …… 131

应用：从平流层气球到海洋深潜器 …… 131

练习 …… 133

第十三章　博弈思考法：一博一弈定输赢

原理 …… 136

训练1：诊断问题所在，确定目标 …… 137

训练2：探索和拟订各种可能的备选方案 …… 138

训练3：从各种备选方案中选出最合适的方案 …… 139

应用：博弈思考法的不同之处 …… 141

练习 …… 142

第十四章　系统思考法：着眼全局细筹划

原理 …… 144

训练1：从整体出发 …… 145

训练2：从综合的观点出发 …… 146

训练3：达到最优化 …… 148

练习 …… 149

第十五章　假说思考法：假设孕育新发现

原理 …… 152

训练1：建立假设 …… 155

训练2：论证是假说的第二步 …… 156

应用：“大陆漂移”理论源于假说思考 …… 157

练习 …… 159

第十六章　试错思考法：真理住在谬误边

原理 …… 162

训练1：第一步先猜测 …… 163

训练2：第二步再反驳 …… 164

应用：试错不是目的 …… 165

练习 …… 166

第十七章　智力激励思考法：掀起头脑大风暴

原理 …… 170

训练1：“头脑风暴”会 …… 171

训练2：KJ法 …… 173

训练3：集思广益法 …… 175

训练4：德尔菲法 …… 176

训练5：智力激励法的改进方法 …… 179
练习 …… 183

第十八章 联想思考法：打造想象魔法环

原理 …… 186
训练1：概念联想式训练法 …… 187
训练2：接近联想法 …… 188
训练3：对比联想法 …… 188
训练4：相似联想法 …… 190
训练5：自由联想法 …… 191
训练6：焦点联想法 …… 192
训练7：强制联想法 …… 194
非常测试：你有联想思考能力吗 …… 195
练习 …… 198

第十九章 移植思考法：他山之石可攻玉

原理 …… 202
训练1：选择移植对象 …… 204
训练2：选择移植方式 …… 206
应用1：移植与类比的协同 …… 208
应用2：移植并非随意，要符合客观规律 …… 209
练习 …… 210

第二十章　观察思考法：探幽索微求真相

原理 …… 212
训练1：连续观察 …… 213
训练2：重点观察 …… 214
训练3：异常之处注意观察 …… 214
练习 …… 216

第二十一章　回溯推理思考法：逆流而上溯源头

原理 …… 220
训练：学习培养回溯推理能力 …… 221
应用：由“果”及“因”，回溯推理广泛使用 …… 222
练习 …… 224

第二十二章　立体型思考法：多维世界最精彩

原理 …… 228
训练1：纵横思考法 …… 228
训练2：列举法 …… 230
应用：跳出平面思考，走进立体世界 …… 234
练习 …… 237

第二十三章　穆勒五法思考法：玩转异同魔术牌

训练1：契合法 …… 240
训练2：差异法 …… 241

训练3：契合差异并用法…… 242
训练4：共变法…… 244
训练5：剩余法…… 245
应用：剩余法在科学上的魔力 …… 245
练习 …… 247

第二十四章　图示思考法：思考导图藏玄机

原理 …… 252
训练1：神奇的“概念图” …… 256
训练2：完美的“思考导图” …… 258
训练3：来自日本的“图示思考法” …… 260
应用：“图”让你创意无限 …… 265
练习 …… 266

第二十五章　逐步逼近思考法：渐趋佳境会有时

原理 …… 270
训练1：分段推进式…… 271
训练2：三阶段发明法…… 273
应用：逐步逼近法应该注意的问题 …… 275
练习 …… 275

第二十六章　仿生思考法：转向生物借智慧

原理 …… 278

训练1：仿生类比…………………………………… 279
训练2：实用仿生…………………………………… 280
训练3：创造仿生…………………………………… 282
应用：从有效性上沟通 ……………………………… 283
练习 ……………………………………………… 286

第二十七章　证实思考法：检验真理有标准

原理 ……………………………………………… 290
训练1：观察证实…………………………………… 291
训练2：推理证实…………………………………… 292
训练3：实验证实…………………………………… 293
应用：科学研究上注意三个问题 ………………… 294
练习 ……………………………………………… 296

附录：思考题答案 ……………………………297

第一章

破解思考魔咒，做大脑思考强人

魔法思考题

某商店最近进了8桶酱油，1桶醋，桶是封着的，从外观上看，酱油桶和醋桶完全相同。店内有一架大型天平，请问最少称几次能把那桶醋找出来？

训练1：换一种思考方式生存

法国著名科学家法伯发现了一种很有趣的虫子，这种虫子都有一种“跟随者”的习性，它们外出觅食或者玩耍，都会跟随在另一只同类的后面，而从来不敢换一种思考方式另寻出路。法伯发现这种虫子后，做了一个实验。他花费了很长时间捉了许多这种虫子，然后把它们一只只首尾相连地放在了一个花盆周围，在离花盆不远处放置了一些这种虫子很爱吃的食物。1个小时之后，法伯前去观察，发现虫子一只只不知疲倦地在围绕着花盆转圈。1天之后，法伯再去观察，发现虫子们仍然在一只紧接一只地围绕着花盆疲于奔命。7天之后，法伯去看，发现所有的虫子已经一只只首尾相连地累死在了花盆周围。

后来，法伯在他的实验笔记中写道：这些虫子死不足惜，但如果它们中的一只能够越出雷池半步，换一种思考方式，就能找到自己喜欢吃的食物，命运也会迥然不同，最起码不会饿死在离食物不远的地方。

其实，该换一种思考方式生存的不仅仅是虫子，还有比它们高级得多的人类。

一个非常著名的公司要招聘一名业务经理，丰厚的薪水和各项福利待遇吸引了数百名求职者前来应聘，经过一番初试和复试，剩下了10名求职

者。主考官对这10名求职者说："你们回去好好准备一下，一个星期之后，本公司的总裁将亲自面试你们。"一个星期之后，10名做了准备的求职者如约而至。结果，一个其貌不扬的求职者被留用下来，总裁问这名求职者："知道你为什么会被留用吗？"这名求职者老实地回答："不清楚。"总裁说："其实，你不是这10名求职者中最优秀的。他们做了充分的准备，比如时髦的服装、娴熟的面试技巧，但都不像你所做的准备这样务实。你用了一种超常规的方式，对本公司产品的市场情况及别家公司同类产品的情况做了深入的调查与分析，并提交了一份市场调查报告。你没被本公司聘用之前，就做了这么多工作，不录用你录用谁呢？"

世上的事情有时就这么简单得让人难以置信：如果你墨守成规，等待你的只有失败；相反，如果你稍微动一下脑筋，对传统的思考方式进行一番创新，就能获得成功。比如，那种具有"跟随者"习性的虫子为什么就不能动动脑筋，对自己固有的习性进行一下创新——不跟在别人身后漫无目的地奔跑，而像那个其貌不扬的求职者一样换一种思考方式呢？

当然，让虫子摒弃自己固有的习性难免苛求，虫子毕竟是虫子。但是，人呢？

训练2：识破思考定式陷阱

有这样两个问题：

（1）人口数量是否超过3500万？

（2）你估计土耳其的人口数量最接近多少？

你的答案是什么呢？不知你是否注意到，第一个问题中所引用的数字直接影响了你对第二个问题的回答。在过去的几年中，我们曾做过许多同样的测试。在测试第一个问题时，对其中一半的接受测试者，我们使用3500万这个数字，另一半则将3500万换为1亿。测试结果发现，第二个问题的答案与第一个问题所使用的数字相差不多。这个简单的测试揭示了人们普遍存在的一种思考缺陷——思考定式。在考虑一个问题时，我们的思考往往对最先接受的信息过于依赖，最初的印象、主意、估计或者数据都会影响以后的决定。

思考定式可以有多种存在形式，它们可能非常简单，而且看起来无关紧要，就像你周围的人说的一句话或你所阅读的报纸中的一个统计数据。它们可能就存在于你对决策问题的描述中，而最普通的思考定式就是过去的实践。比如，医院在预测将来一段时期内的就诊人数时，往往会参考过去同期就诊人数的记录。在这里，参考过去同期就诊人数的记录就是思考定式，预测者在这一基础上根据其他因素进行预测，从而得出了将来一段时期内的就诊人数。虽然这种方式常常可以帮助我们获得较为准确、合理的结果，但它往往太注重过去的记录，以至于没有足够重视其他因素。特别是在变化的环境里，依赖于历史数据的思考定式不仅不能准确地进行预测，而且会使自己的选择受到误导。

无论思考定式以何种方式存在，它的存在都会妨碍人们作出正确的决定。比如，你想买一件艺术品放在客厅中，以显示你的品位并使居室更具艺术气息。你在一个艺术品经销商那里发现了一幅独特的、十分引人注目的油画，它的作者是一位不知名的年轻画家，此前从来没有人买过他的画，所以你无从知晓它的价格。你暗自估计这幅画差不多值1000美元，但是当你与经销商讨价还价时，他开口就是2500美元，你顿时方寸大乱，不知不觉中就屈从了经销商的开价，从2500美元开始往下与经销商讨价还价，岂不知已经中了经销商的圈套，最终商谈的价格在很大程度上受到了经销商开价的影响。在这里，2500美元就成了你的思考定式。

如何对付思考定式陷阱呢？我们相信，采取以下方法完全可以减少思考定式的影响：

（1）从不同的角度考虑问题。试着换一个出发点或角度来考虑问题，而不要将思考固定于一个方向。在尝试了多种方式后，要发现和总结不同方式间的差异，以取长补短。

（2）在咨询他人前应进行独立的思考，避免他人的意见成为你的思考定式。

（3）征询尽可能多的意见，保持思考的创新力，培养开放性思考。

（4）向他人征询意见时，不要过多地告诉别人你自己的意见，以免造成他人的思考定式，而你也可能会“自食其果”。

（5）在谈判前做好充分的准备，也可以避免受到对方思考定式的影响。

训练3：克服思考定式

多数情况下，思考定式容易使人的思维僵化，不利于问题的解决，因此，应注意加以克服。

1.暂时搁置

把难以解决的问题暂时搁置，是克服思考定式最简单可行的办法。

暂时搁置的妙处或许你早有体验：对一个问题百思不得其解时，将问题暂时搁置几小时、几天或几个星期，然后再回过头来思考，突然就豁然开朗了。

法国著名数学家彭加勒，有一次集中注意力研究某些算术问题而无果，而且也没有想到这些问题跟以前的研究有什么联系，非常沮丧和恼火，于是索性跑到海边住几天，想些别的问题。结果，有一天早晨他正在悬崖绝壁上行走时，心中顿生一个简明扼要、确定不移的念头：不定三元二次方程式的算术转换式跟非欧几何上的转换式是相同的！以前的问题也就迎刃而解。很明显，暂时搁置给了他莫大的好处。

暂时搁置，其实也是一个酝酿过程，正因为有了这一酝酿过程，好主意才能直接从潜意识中产生出来。当要你完成一项任务时，任务接受得越早，就越有充裕的时间在潜意识中积累信息，就会在晚些时候发现更好的解决办法。只要有了酝酿过程，似乎总能在适当的时候产生正确的解决办法。就像许多学生，为了完成某个问题作业通宵达旦苦熬几个昼夜毫无结果，而偏偏到该交作业的那天早晨突然找到了解决办法。因此，要想解决一个难题，必须使你的潜意识有充裕的酝酿时间。不给自己充裕的时间以形成酝酿过程的计划，就不是一个好的计划。

另外，在解决问题的过程中学会放松自己很重要。因为如果不会放松，头脑就会对一些无谓的琐事过于敏感，进而严重地妨碍灵活的创造性思考；只有精神上放松时，头脑中才更容易形成一些思想火花，找到解决之道。

2.加强训练

可以设计一些巧妙的方法训练自己转移注意角度、克服思考定式。比如，可以设计这样一个简单的训练办法：把书打开，把手随意地指向书页的一个字词，然后把这个字词用在你正在进行的思考活动中。例如，你正在寻找一个乐趣更多的运动方法，那么打开书、闭上眼，用手随意指出一个词，发现是“折页”一词，那么该如何运用这个词呢？这就因人而异了，但终归会有克服思考定式的作用。不妨这样运用这个词：

（1）在门折页上套一个环，环上系上一条可以自由伸缩的带子，带子另一端是把手，这样看电视时就可以拉几下，运动运动。

（2）用许多折页、重物和滑轮，做一个个性健身器，当你慢慢用一点压力去举重时，同时就把书翻了页。这个机器设计恰到好处，你举重所需正好和你读书翻页的时间配合。

（3）……

训练4：逆向思考，打破思考定式

巴黎的一条大街上，同时住着三个不错的裁缝。可是，因为离得太近，所以生意上的竞争非常激烈。为了能够压倒别人，吸引更多的顾客。裁缝们纷纷在门口的招牌上做文章。

一天，一个裁缝在门前的招牌上写道：“巴黎城里最好的裁缝。”结果吸引了许多顾客光临。看到这种情况以后，另一个裁缝也不甘示弱。第二天，他在门口就挂出了“全法国最好的裁缝”的招牌。结果同样招揽了不少顾客。

第三个裁缝非常苦恼，前两个裁缝挂出的招牌吸引走了大部分的顾客。如果不能想出一个更好的办法，很可能就要成为“生意最差的裁缝了”。但是，什么词可以超过“全巴黎和全法国”呢？如果挂出“全世界最好的裁缝”的招牌，无疑会让别人感觉到虚假，也会遭到同行的讥讽。到底应该怎么办？正当他愁眉不展的时候，儿子放学回来了。当他知道父亲发愁的原因以后，告诉父亲也许可以在他们的招牌上写上这样几个字。

第三天，另两个裁缝站在街道上等着看他们的另一个同行的笑话。但事情似乎超出了他们的意料。因为，很快，第三个裁缝的门前挂出了一个更加吸引人的招牌，上面写道“本街道最好的裁缝”。

在上面的故事中，面对其他人提出的全城和全国的“大”，裁缝的儿子却利用街道的“小”来做文章，并最终取得了竞争的胜利。因为在全城市或者全国，他们不一定是最好的，但在街道的这个特定区域里，只有他们是最好的，也是唯一的。

在学习及将来的工作中，会出现许多我们无法通过正常的思考方式和方法来解决的问题，即使能够解决，也会因为耽误大量的时间而降低效率。因此如何快速有效地解决问题就成为提高工作效率的关键。而逆向思考会成为你的最佳选择之一。

非常测试：你有创造性思考能力吗

根据你的实际情况，对下列题目作出“√”（正确）、“？”（不能确定）、“×”（不正确）三者必居其一的回答。

（1）我不做盲目的事，也就是说，我总是有的放矢，用正确的步骤来解决每一个具体问题。

（2）我认为只提出问题而不想获得答案的事，无疑是浪费时间。

（3）无论什么事情，要我产生兴趣总比别人困难。

（4）我认为合乎逻辑的、循序渐进的方法，是解决问题的最好方法。

（5）有时我在小组里发表意见，似乎使一些人感到厌烦。

（6）我花费较多时间来考虑别人怎样看待我。

（7）做自己认为正确的事，要比得到别人赞同重要得多。

（8）我不尊重那些做事似乎没有把握的人。

（9）我需要的兴趣和刺激比别人多。

（10）我知道在考验面前，如何保持自己的镇静。

（11）我能较长时间坚持进行研究和解决问题。

（12）有时我对一些事情过于热心。

（13）在无事可做的时候，我倒常会想出好主意来。

（14）在解决问题时，我分析问题快，综合收集资料慢。

（15）在解决问题时，我常凭直觉来判断对或错。

（16）有时我打破常规，去做我原来并未想到要做的事。

（17）我有收集东西的爱好。

（18）幻想促进我提出许多重要的计划。

（19）我喜欢客观而又有理性的人。

（20）如果要我在本职工作之外选择两种职业，我宁愿当一名实际工作者，也不愿当一名探索者。

（21）我能和周围的同学或同事们相处得很好。

（22）我有较高的审美感。

（23）过去我比较看重自己的名利和地位。

（24）我喜欢那些坚信自己观点的人。

（25）灵感和获得成功的关系不大。

（26）我最高兴的是，与我观点不同的人经过争论成为好朋友，即使让我放弃自己的观点也愿意。

（27）我最大的兴趣在于提出新的建议。

（28）我乐意独自一个人整天地深思熟虑。

（29）我往往避免做那些使我感到低下的工作。

（30）在评价资料时，我觉得资料的来源比内容更为重要。

（31）我不满意那些不确定和不可预言的事。

（32）我喜欢一门心思苦干的人。

（33）一个人的自尊心比得到他人的敬慕更重要。

（34）我觉得那些力求完善的人是不明智的。

（35）我宁愿和人家一起努力工作，而不愿单独工作。

（36）我喜欢那种对别人产生影响的工作。

（37）我在生活中常碰到不能用对或错来判断的事。

（38）我认为“各行其是”、“各安其位”是很重要的。

（39）那些常用古怪词汇的作家，不过是为了炫耀自己的才华。

（40）许多人之所以感到苦恼，是因为他们把事情看得太认真了。

（41）即使遭到不幸、挫折和反对，我仍然保持原来的热情对待工作。

（42）想入非非的人是不切合实际的。

（43）我对不知道的事比知道的事求知更强烈。

（44）我对“这可能是什么”比“这是什么”更感兴趣。

（45）我经常为自己在无意之中说话伤人而内疚。

（46）即使没有报答和酬谢，我也乐意为新颖的想法而花费时间和精力。

（47）我认为“出主意没什么了不起”这话是有道理的。

（48）我不喜欢提出显得无知的问题。

（49）一旦任务在肩，即使遭到挫折，我也要坚决完成。

（50）任意选出10个最能说明你的性格的词：

谨慎　热情　机灵　精神饱满　献身精神

朝气　无畏　孤独　脾气温和　泰然自若

独创　时髦　好奇　有说服力　渴求知识

律己　复杂　拘束　永不满足　光明磊落

坚强　自信　精干　实事求是　足智多谋

实干　保守　随便　有组织力　易动感情

虚心　老练　骄傲　不屈不挠　铁石心肠

实惠　柔顺　交际　不拘礼节　洒脱超然

敏锐　独立　自制　思路清晰　有理解力

远见　创新　善良　观察力强　一丝不苟

分数分配：

第（50）题以2分记的词是精神饱满、观察力强、不屈不挠、柔顺、足智多谋、独立、献身精神、独创、敏锐、无畏、好奇、朝气、热情、律己；得1分的词是自信、远见、不拘礼节、永不满足、一丝不苟、虚心、机灵、坚强、创新；其他词汇不给分也不扣分。

第（1）~（49）题得分请根据下表。各题得分相加，统计总分。

题号	√	?	×	题号	√	?	×	题号	√	?	×	题号	√	?	×	题号	√	?	×
①	0	1	2	⑪	4	1	2	㉑	0	1	2	㉛	0	1	2	㊶	3	1	0
②	0	1	2	⑫	3	0	−1	㉒	3	0	−1	㉜	0	1	2	㊷	−1	0	2
③	4	1	0	⑬	2	1	0	㉓	0	1	2	㉝	3	0	−1	㊸	2	1	0
④	−2	0	3	⑭	4	0	−2	㉔	−1	0	2	㉞	−1	0	2	㊹	2	1	0
⑤	5	1	0	⑮	−1	0	2	㉕	0	1	3	㉟	0	1	2	㊺	−1	0	2
⑥	−1	0	3	⑯	2	1	0	㉖	−1	0	2	㊱	1	2	3	㊻	3	2	0
⑦	3	0	0	⑰	0	1	2	㉗	2	1	0	㊲	2	1	0	㊼	0	1	2
⑧	0	1	1	⑱	3	0	−1	㉘	2	0	−1	㊳	0	1	2	㊽	0	1	3
⑨	3	0	0	⑲	0	1	2	㉙	0	12	0	㊴	−1	0	2	㊾	3	1	0
⑩	1	0	0	⑳	0	1	2	㉚	−2	0	1	㊵	1	0	0				

得分分析：

（1）140分以上：表明你有非凡的创造思考力，属发明家、思想家一类的人物。

（2）110～139分：表明你属于突出创造性思考型。

（3）85～109分：表明你的创造性思考为较强型。

（4）55～84分：表明你的创造性思考是良好型。

（5）30～54分：表明你的创造性思考是一般型。

（6）16～29分：表明你的创造性思考是弱型。

（7）0～15分：表明你无创造性思考。

若测定的总分偏低，也不必自卑，在29分以下不完全说明智力不高，可能是习惯思考较强的缘故。只要你努力去克服自己的思考弱点，你的创造思考能力就可以改善。

（1）你能用一笔连续画出四条直线贯穿图中的所有点吗？

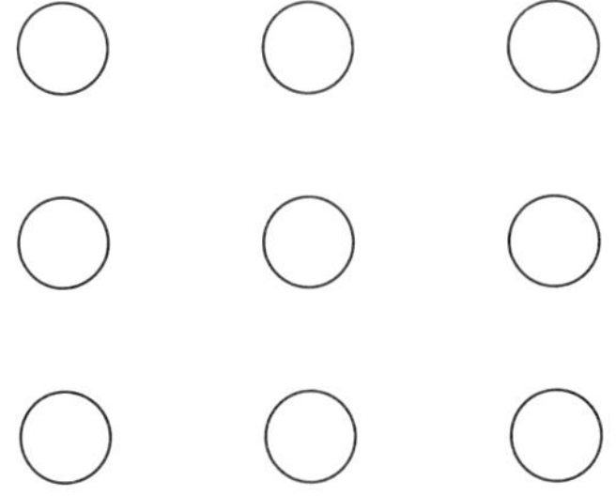

（2）一个公安局长在茶馆里与一位老头下棋。正下到难分难解之

时，跑来一个小孩，小孩着急地对公安局长说：

“你爸爸和我爸爸吵起来了。”

“这孩子是你的什么人？”老头问。

公安局长答道：“是我的儿子。”

请问：两个吵架的人与这位公安局长是什么关系？

答案：

（1）

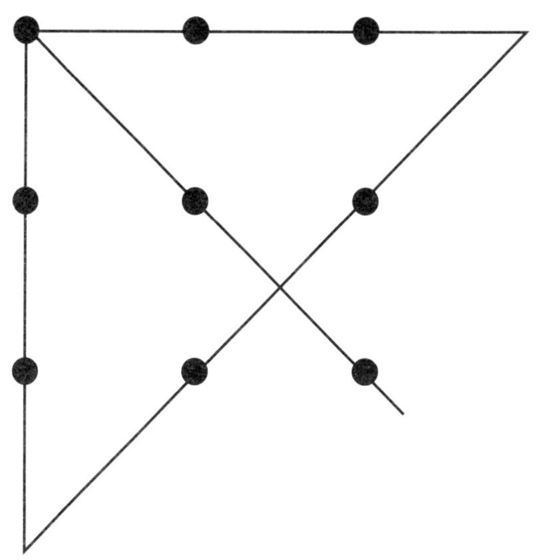

（2）公安局长是女的，吵架中的一方是她的丈夫，即小孩的父亲；一方是公安局长的父亲，即小孩的外公。

第二章

收敛思考法：众矢射向靶中心

魔法思考题

某日，有两位顾客分别拿着2000克的奶瓶和2500克的奶瓶去奶店各买1000克奶，适逢店的秤坏了，这时店内只有两大桶奶，但店老板却成功地凭借现有的条件满足了两位顾客的要求。请问，店老板是如何满足两位顾客要求的？

原理

收敛性思考是人们长时间从事某一类工作、解决某一类问题时所形成的习惯性思考。这种思考对解决同类问题和获得知识是必不可少的。

收敛性思考又称集中思考。收敛性思考是指某一问题仅有一种正确的答案，为了获得正确答案要求每一思考步骤都要指向这一答案。从不同的方面集中指向同一个目标去思考，其着眼点是由现有信息产生直接的、独有的、为已有信息和习俗所接受的最好结果。其思考过程始终受所给信息和线索制约，是深化思想和挑选设计方案常用的思考方法与形式。收敛思考以某种研究对象为中心，将众多的思路和信息汇集于这个中心点，通过比较、筛选、组合、论证从而得出在现有条件下解决问题的最佳方案。

收敛性思考也有自己的特点。一般来说，收敛性思考具有同一性、程序性、比较性三个特点。

（1）同一性是指它具有求同性的特征，是和求异性相对而言的思考。这种思考活动从过去的传统经验中引出解决问题的方法，要求人们从相同的方面去考虑问题，希望用老办法寻求解决问题的答案，因此，往往习惯于同一方向的知识积累和记忆。同一性和求同性的特点体现出事物发展中的继承性、统一性，因为现在的事物总是从历史的事物发展而来，同

过去的事物总是有着这样或那样的联系。

（2）程序性是同一性在严格意义上的表现。由于收敛性思考总是从同一方向考虑问题，所以对这一过程也就赋予了严格的程序，先做什么，后做什么，一步接着一步，一环扣着一环。所以收敛性思考在其正确运用时，能使问题的解答有章可循，办事比较简化，效率较高。

（3）比较性是指它以一个目标为其归宿，即在现在的几种途径、方案、措施中，通过比较寻找一个较合适的途径、方案、措施。收敛性思考本身并不去创新，不去设计各种不同作用的方案，但是对于已经设计出来的方案，它会按照严格的程序进行审查、比较、评价，以确定对目标实现的利弊。所以，它又是一种批判性的思考过程。收敛性思考一旦通过比较，确定好某一种方案、措施、途径时，它又会以这一方案、措施、途径所形成的同一性、程序性为尺度，进而对周围事物进行集中性的思考和评价。

训练1：目标识别法

这个方法要求我们在思考问题时，要善于观察，发现事实和提出看法，并从中找出关键的现象，对其加以关注和定向思考。学者德波诺认为，这个方法就是要求“搜寻思考的某些现象和模式”。其要点是，确定搜寻目标（注意目标），进行观察并作出判断。通过不断的训练，促进思考识别能力的提高。

在第一次世界大战时，各国训练了许多专职人员去辨别天空中的飞机，要求他们当飞机在很远时就能判别出飞机的型号。现代军队，对各种武器装备的识别，也运用这一“目标识别”方法进行训练，将观察对象的关键特征与头脑中的有关概念相联系。在思考中使用目标识别法一般是先设计或确定某一思考类型的关键现象、本质、看法等，然后注意这一目标。

在实际生活中，我们可以观察到，许多人在自学打字技术时，都只用两个指头打。这是因为，他们的根本目的不是要熟练地掌握打字技术，而是工作中需要打字。如果只用两个指头，比起用全部十个指头来，能更快地提高打字水平。那么，他们学到的就是一种“二指技能”。因此，从广义上讲，所谓“二指技能”，就是指一种用于应付眼前需要的技能。反之，一个接受正规打字训练的人，用上稍长一点的时间，就能掌握水平高得多的按固定指法打字的技能，与“二指技能”比，就可称为“全面的技能”。这就要看你追求的目标是什么了。

第一次世界大战期间，法国和德国交战时，法军的一个司令部在前线构筑了一座极其隐蔽的地下指挥部。指挥部的人员深居简出，十分诡秘。不幸的是，他们只注意了人员的隐蔽，而忽略了长官养的一只小猫。德军的侦察人员在观察战场时发现：每天早上八九点钟，都有一只小猫在法军阵地后方的一座土包上晒太阳。德军依此判断：

（1）这只猫不是野猫，野猫白天不出来，更不会在炮火隆隆的阵地上出没。

（2）猫的栖身处就在土包附近，很可能是一个地下指挥部，因为周围没有人家。

（3）根据仔细观察，这只猫是相当名贵的波斯品种，在打仗时还有兴趣玩这种猫的绝不会是普通的下级军官。

据此，他们判定那个隐蔽处一定是法军的高级指挥所。随后，德军集中六个炮兵营的火力，对那里实施猛烈袭击。事后查明，他们的判断完全正确：这个法军地下指挥所的人员全部阵亡。

便衣警察在公共场所抓扒手，也是通过扒手的典型举止和贪婪、诡秘的眼神来判定与跟踪的。警察了解这些特殊表现，在执行任务时就有意识地按一定的模式去搜索目标。

训练2：间接注意法

间接注意法，即用一种拐了弯的间接手段，去寻找“关键”技术或目标，达到另一个真正目的。也就是说，要求你把东西分类别，分类的过程导致另一个后果。对被分类的东西进行仔细考察，去评估每一种有关的价值，这才是使用间接注意法的真实意图。

一个农夫叫懒惰的儿子把一堆苹果分成两种装进两个篓子里。一个篓子装大的，一个篓子装小的。傍晚农夫回到家里，看见儿子已经把苹果分开装进了篓子。而且，鸟啄虫蛀的烂苹果也被挑出来堆在一边了。农夫谢过儿子，夸他干得漂亮。然后他取出一些口袋，把两个篓子里的大小苹果混装在一起。结果，大小苹果被胡乱搅和在一起。并没有分什么大小来分开装。儿子气坏了，他认为父亲在戏弄他。想试试，看看父亲是否愿意干活。反正父亲是要把苹果混在一起的，干吗又要他把苹果分开呢？这是白费劲呀！农夫告诉儿子说，这不是什么花招。原来他是要儿子检查每一个苹果，把烂苹果扔掉。两个篓子只不过是拐了一个弯的间接手段，他的目的是要儿子非常仔细地检查每一个苹果。如果他不拐个弯，而是直截了当地叫儿子把烂苹果扔掉，那么儿子就不会仔细检查每一个苹果。他就会急忙地把苹果翻检一下，只寻出那些一望而知已经坏透了的烂苹果，而不会去检查那些貌似完好其实已坏的烂苹果了。

古代同时有几个邻国的使者来聘波斯国公主。皇帝说："我要出一个题目考考你们，谁最聪明，谁就可聘到公主。"

他拿出一个有着弯曲通道的玛瑙球，要求使者们用丝线穿过去。谁穿过去了公主就嫁到谁的国家去。第一个使者用金丝钩钩着丝线直接往里穿，穿了个眼冒金星也没穿进去。第二个使者换了个花样，用嘴在玛瑙的另一端直接吸气，想把线吸过去，累了个满脸通红，也没把丝线吸过去。第三个是吐蕃国的使者，他将丝线系在一个大蚂蚁腰上，在玛瑙的另一端涂上蜂蜜。蚂蚁为了吃到蜂蜜，在弯曲通道里急速前进，很快地就将丝线穿过了玛瑙球。使者通过蚂蚁间接地实现了穿线的目的。

在军事战略理论中，英国的战略家利德尔·哈特提出了著名的"间接战略"原则。他认为，间接战略路线就是要使战斗行动尽量减少到最低的限度，其主要原则是避免正面强攻的直接作战方式。他认为，在战略上，

最漫长迂回的道路，常常是达到目的的最短途径。

军事上的典型战例有：围魏救赵、欲擒故纵、围点打援、迂回进攻、声东击西等。

美国历史上最有名的总统之一林肯，早年曾当过律师。有一次，他接到这样一件案子：一个叫阿姆斯特朗的人被人诬告为谋财害命的杀人凶手。证人福尔逊一口咬定，亲眼看到阿姆斯特朗在半夜行凶杀人。对此，阿姆斯特朗难辩冤屈，眼看就要定案。林肯接案后，经过大量调查、访问并亲自勘察现场，终于明白了其中的真相和事实。一开庭，林肯就巧妙地逼使证人一起"爬雪坡"，采取不直接揭露证人的谎言，而是迂回一下，让证人自己露出马脚的办法。下边是当时对质的记录：

林肯：你起誓说认清了阿姆斯特朗吗？

福尔逊：是的。

林肯：你说你在草堆后面，阿姆斯特朗在大树底下，两处相距二三十码，能认清吗？

福尔逊：看得清清楚楚，因为月光很亮。

林肯：你敢肯定不是凭衣着猜测的吗？

福尔逊：我肯定认准了他的面容，因为月光正照在他脸上。

林肯：你能肯定凶杀时间正是晚上11点钟吗？

福尔逊：绝对肯定，因为回家时，我看了时钟，为11点一刻。

林肯通过迂回办法，首先将证词一一敲定，让福尔逊自己"爬上雪坡"，然后再"往下滑行"。于是林肯从正面发起攻击。

林肯向法庭宣布："证人是个十足的骗子。他发誓说18日晚上11点钟月光照在凶手脸上，使他认出了阿姆斯特朗。但是，请法庭注意，10月18日是上弦月，不到11点月亮便已下山。就算月亮没有下山，月光照到被告脸上，这时被告脸朝向西面，而证人在树东面的草堆后，根本看不到被告的脸。如果被告回头，因为月光照不到脸，证人也无从认准。”

林肯靠着出色的思考技巧和辩护才能（以调查为依据），迫使福尔逊当场承认自己提供伪证，为被告获得无罪释放的判决起到了决定性的作用。

训练3：层层剥笋法

我们在思考问题时，最初认识的仅仅是问题的表层（表面），因此，也是很肤浅的东西。然后，层层分析，向问题的核心一步一步地逼近，抛弃那些非本质的、繁杂的特征，以便揭示出隐蔽在事物表面现象内的深层本质。

柯南道尔借助神探福尔摩斯的嘴曾说道：“凡是异乎寻常的事物，一般都不是什么阻碍，反而是一种线索。在解决问题时，最主要的是能够运用推理的方法，一层层地回溯。这是一种很有用的本领。”“一个逻辑学家不需要亲眼见到或者听到过大西洋或尼亚加拉大瀑布，他能从一滴水上推测出它有可能存在。所以整个生活就是一条巨人的链条，只要见到其中的一环，整个链条的情况就可以推想出来。”

1940年11月16日，纽约爱迪生公司大楼一个窗沿上发现一个土炸弹，并附有署名F.P的纸条，上面写着："爱迪生公司的骗子们，这是给你们的炸弹！"后来，这种威胁活动越来越频繁，越来越猖狂。1955年竟然放上了52颗炸弹，并炸响了32颗。对此报界连篇报道，并惊呼此行动的恶劣，要求警方给予侦破。

纽约市警方在16年中煞费苦心，但所获甚微。所幸还保留几张字迹清秀的威胁信，字母都是大写。其中，F.P写道：我正为自己的病怨恨爱迪生公司，要使它后悔自己的卑鄙罪行。为此，不惜将炸弹放进剧院和公司的大楼等。警方请来了犯罪心理学家布鲁塞尔博士。博士依据心理学常识，应用层层剥笋的思考技巧，在警方掌握材料的基础上作了如下的分析推理：

（1）制造和放置炸弹的大都是男人。

（2）他怀疑爱迪生公司害他生病，属于"偏执狂"病人。这种病人一过35岁后病情就加速加重，所以1940年时他刚过35岁，现在（1956年）他应是50出头。

（3）偏执狂总是归罪他人。因此，爱迪生公司可能曾对他处理不当，使他难以接受。

（4）字迹清秀表明他受过中等教育。

（5）约85%的偏执狂有运动员体型，所以F.P可能胖瘦适度，体格匀称。

（6）字迹清秀、纸条干净表明他工作认真，是一个兢兢业业的模范职工。

（7）他用“卑鄙罪行”一词过于认真，爱迪生也用全称，不像美国人所为，故他可能在外国人居住区。

（8）他在爱迪生公司之外也乱放炸弹，显然有F.P自己也不知道的理由存在，这表明他有心理创伤，形成了反权威情绪，乱放炸弹就是在反抗社会权威。

（9）他常年持续不断乱放炸弹，证明他一直独身，没有人用友谊或爱情来愈合其心理创伤。

（10）他无友谊，却重体面，一定是一个衣冠楚楚的人。

（11）为了制造炸弹，他宁愿独居而不住公寓，以便隐藏和不妨碍邻居。

（12）斯拉夫人多信天主教，他必然定时上教堂。

（13）他的恐吓信多发自纽约和韦斯特切斯特。在这两个地区中，斯拉夫人最集中的居住区是布里奇波特，他很可能住那里。

（14）持续多年强调自己有病，必是慢性病。但癌症不能活16年，恐怕是肺病或心脏病，肺病现代已经很容易治愈，所以他是心脏病患者。

根据这种层层剥笋式的方式，博士最后得出结论：警方抓他时，他一定会穿着当时正流行的双排扣上衣，并将纽扣扣得整整齐齐。而且，建议警方将上述14个可能性公诸报端。F.P重视读报，又不肯承认自己的弱点。他一定会作出反应以表现他的高明，从而自己提供线索。果不其然，1956年圣诞节前夕，各报刊载这14个可能性后，F.P从韦斯特切斯特又寄信给警方：“报纸拜读，我非笨蛋，决不会上当自首，你们不如将爱迪生公司送上法庭为好。”依循有关线索，警方立即查询了爱迪生公司人事

档案，发现在30年代的档案中，有一个电机保养工乔治·梅特斯基因公烧伤，曾上书公司诉说染上肺结核，要求领取终身残废津贴，但被公司拒绝，数月后离职。此人为波兰裔，当时（1956年）为56岁，家住布里奇波特，父母早亡，与其姐同住一个独院。他身高1.75米，体重74千克。平时对人彬彬有礼。1957年1月22日，警方去他家调查，发现了制造炸弹的工作间，于是逮捕了他。

当时，他果然身着双排扣西服，而且整整齐齐地扣着扣子。

有一天深夜，一位刚刚结婚才几天的新娘子从厂里下晚班回家，整个家属楼一片寂静。于是她也轻声地走进了自己的家，并且看到丈夫已睡得很熟了。就在她对着穿衣镜卸妆的时候，却突然发现床底下有四只脚露了出来。机警的新娘子立刻意识到这是两个潜入自己家里的盗贼。可此时屋子里只有自己和丈夫两个人，而且丈夫又在熟睡。到底怎样才能抓住这两个盗贼呢？十分紧张的新娘子突然灵机一动，想到了一个很好的主意，并最终在邻居们的帮助下抓住了那两个盗贼。

那么，请想一想：这位新娘子到底是怎样用自己的主意抓住盗贼的呢？

答案：

这位新娘子先是把自己的丈夫叫醒，假装说他不关心和体贴自己，竟然自己先睡着了，然后又故意地大吵大闹起来，还摔了几个玻璃器皿。因为已经夜深人静，所以她的行为很快就吵醒了周围的邻居，其中几个热心的人还特意前来劝架。等屋子里的人多了以后，这位新娘子才说出了床下有贼的事实。于是，在大家的共同努力下，终于抓住了那两个躲在床下的盗贼。

第三章

发散思考法：穿越思维长隧道

魔法思考题

某单位岗哨班共有12个人，有一只钟表。有一夜，班长外出，留下的11个人仍要站12个小时的夜班岗，可是谁都不想吃亏，都不愿多站1分钟，请问如何才能使每个人站岗的时间完全相等？

原理

不同的人，其思考方式、特点是不同的。而不同的思考方式、特点对待不同的事物，甚至是同一事物，也会产生不同的看法，形成不同的思考成果。在日常生活中，我们可以根据人们活动的不同特点，对他们运用于活动中的思考方式作出反观式的评价，说他们具有开拓性、创造性、多变性或稳健性、保守性、守旧性等。这些反映了发散性思考和收敛性思考以及二者结合好坏的不同作用。

何为发散性思考？发散性思考是沿着不同的方向、不同的角度思考问题，从多方面寻找解决问题答案的思考方式。这种思考方式最根本的特色是，多方面、多思路地思考问题，而不是囿于一种思路、一个角度，一条路走到黑。对于发散性思考来说，当一种方法、一个方面不能解决问题时，它会主动地否定这一方法、方面，而向另一方法、方面跨越。它不满足已有的思考成果，力图向新的方法、领域探索，并力图在各种方法、方面中，寻找一种更好一点的方法、方面。众所周知，大发明家爱迪生之所以为人称道、永留青史，不仅在于他发明了多少种东西，更在于他对科学孜孜不倦的精神。为试制灯泡丝，他实施了1600多个不同类型的方案，一直到最后找到碳化丝片才告成功。类似的例子在科学史和实践史上数不胜数。发散性思考体现了思考的开放性、创造性，是事物普遍联系在头脑中的反映。既然事物是相互联系的，是多方面关系的总和，我们就应从多个方面、多个角度去认识事物，向四面八方发散出去，从而寻找解决问题更多更好的方法。

1.发散性思考的表现形式

发散性思考有多种具体的表现形式，最主要的有多向思考、侧向思考、反向思考几种。

（1）多向思考是发散性思考最重要的形式。多向思考要求从尽可能多的方面来考虑同一问题，即发挥思考的活力和创造性，使思考不要局限于一种模式、一个方面。例如，把6根火柴放在桌面上，要求组成4个等边三角形。许多人从常识思考出发，在二维空间即平面的范围内找答案，结果他们都失败了。但只要我们把思考的触角伸向另一个方面，即只要我们从三维空间即立体角度去考察，把6根火柴搭成一个正四面体，每一个面都是一个等边三角形，问题的答案就跃然纸上了。人类的思考本质上是多向的。我们应时常使思考处于多向、发散、开放的状态去发现问题。而每一个新的方面的发现，都会使思考上升到一个新的高度。

（2）侧向思考是发散性思考的另一种形式。在理解侧向思考之前，不妨先介绍正向思考。正向思考是局限于本领域内考虑问题、寻找问题解决答案的思考方式。我们通常说某人干自己的老本行非常熟练，而对本行之外的事情很生疏，这就是一种正向思考的人。而侧向思考则不同，它要求把自己研究的领域与别的领域交叉起来，把自己的专业同别的专业结合起来，并从别的领域和专业获得思考上的启发，用来解决本领域、本专业范围内的问题的思考方式。牛顿从苹果落地得到启示，发明了地心引力定律，用的就是侧向思考。阿基米德在洗澡时揭开了“王冠之谜”，发现了流体静力学的基本原理；1891年美国一工程师从喷洒香水中得到启发，制成了发动机的汽化器；一化学家在梦中见多条蛇环环相连，悟出了化学元素苯的分子结构；大哲人维特根斯坦从战壕中发现的一张作战地图受到启发，提出了“图像论”；中国木匠行业的祖师爷鲁班从草划破了手受到启发，发明锯等等，这些都是侧向思考的表现和运用。侧向思考表明世间的万事万物本来是相互联系、触类旁通的。

（3）反向思考就是从相反的方向来考虑问题的思考方式。反向思考就其实质而言，是辩证法的对立统一在思考领域的反映。矛盾的对立双方既相互排斥，又相互依赖、相互转化，它们之间具有同一性、统一性。比如，上坡路和下坡路在同一条道上，冲上坡顶，所面临的必是下坡。平坦的路上，没有上坡，也没有下坡。上坡路和下坡路本是相互对立的，但又相互依赖和转化。如果把矛盾双方对立起来，认为两者之间没有联系，是就是，不是就不是，除此之外都是鬼话，那就陷入了形而上学思考方式，且在现实中也难以成立。对此，形而上学思考方法不可能解决。所以，反向思考是有现实和理论根据的，从反向思考去思考问题，常常会取得十分重要的成果。电动机的产生便是一例。

英国科学家法拉第从电产生磁得到启示，反问自己，磁能不能产生电。这一反向思考提出了一个全新的问题，需要人们解答。在众多科学家的努力下，他在1821年制成了世界上第一台电动机。试想没有大胆的反向思考，电动机何时得以发明？日常生活中，我们总是说“将心比心”“从

对方的角度想想”“替我想想”等，这无非是要求自己或对方都从各自的对立面进行一下反向思考，从各自的对立方面的立场考虑问题，这样，各种想法就会更全面、更客观，双方就可以得到理解、沟通，一切问题也就迎刃而解了。

2.发散性思考的特点

发散性思考具有许多特点，比较能体现其特色的有三种，即流畅性、变通性和独特性。

（1）流畅性。它是指发散性思考用于某一方面时，能够举一反三，迅速地沿着这一方向发散出去，形成同一方向的丰富内容。例如，在考虑“木材”的用处时，发散性思考的过程是：沿着“木材可以做家具”这一方向迅速发散出去，“木材”可以做书柜、衣柜、电视柜、椅子、床、写字桌、饭桌，还可以做茶几，放在飞机内、轮船内等，表现为一个极其丰富的量的扩张过程。不过应看到，虽然发散性思考的流畅性可以想到“木材”在各类、各地家具中的用处，但仍然是同一方向上的量的扩大，因而归根到底是单一方向的，属于发散性思考的低级层次。实际上，我们还可以想到“木材”的其他用处，如作为建筑材料、作为挑东西的工具甚至作为武器或凶器等，此时对“木材”用处的思考就发生了质的飞跃，转入了其他方向，这就是发散性思考的第二个特点，即变通性。

（2）变通性。它就是发散性思考能从思考的某一方向跳到其他许多方向，使方向越来越多，有更多的方向、方面可供选择和考虑，从而形成立体思考并编织成思考之网。交通性使发散性思考沿着不同的方向和方面扩散，从流畅性的单方向的量的扩张，发展到多方向的量的扩张，表现出极其丰富的多样性和多方面性。

变通的过程就是克服人们头脑中某种自己设置的僵化的思考框架和陈旧观念，按照某一新的方向来思索问题的过程。如在日常思考中，人们认为鸡蛋不可能立在桌面上，鸡蛋也不可以打破。所以，当美洲大陆的发现者哥伦布在一次宴会上宣布他可以把鸡蛋立在桌面时，人们都不相信。其实，哥伦布的做法很简单，他把鸡蛋按在桌上，蛋壳破了，却立住了。简单的事实却说明了一个理论问题，即人们头脑中已设立的障碍使思考受到限制而不能开动起来。所以，思考的变通过程就是变革头脑中某些僵化了的思考模式，从新的角度、方面去思考。变通性能为我们的实践和理论开辟新的道路。

（3）独特性。就是发散性思考形成自己与众不同的独特见解。独特性是发散性思考的最高目标，是在流畅性和变通性基础上形成的发散性思考的高级层次。没有发散性思考的流畅性和变通性，就没有它的独特性。实际上，要达到思考的流畅和变通，就需要广博的知识以及多方面的生活经验。知识和经验为发散性思考的独特性创立了条件。实践也证明，凡在历史上作出独特贡献的人，他们都具有思考的流畅性和变通性的特点。试想，遇事不能变通、不能从多方面考察，人的思考就会偏狭、固执，何谈独特性；而没有独特性，平平的思考下的行为，也不会有大作为。思考的流畅性、变通性、独特性是发散性思考必须具备的特点，是事业有成者必须具备的素质。由流畅性到变通性再到独特性，思考活动就进入了创新的高级阶段。

发散性思考是创造性思考的基本方法，由它派生出或者说涵盖了一些

具体方法和技巧，下面将分别讲述纵横思考法、分合思考法、逆向思考法、质疑思考法等四种。

训练1：纵横思考法

将思考的问题或对象从纵与横的发展方向上进行思考加工就是纵横思考法。就是说遇事时横竖多想想，有哪些因素、哪些可能性、哪些可行的办法，拿出些新点子，以使思路开通，少出差错。例如，我们看一个同学的进步，一方面要看看他的过去、现在和将来的表现和发展；另一方面也要从德、智、体、美、劳等多方位全面去衡量。从纵与横的两方面去把握事物就会全面深刻，在学习中应该多运用这一方法。纵横思考法也可以分成纵向思考法与横向思考法两种。

训练2：分合思考法

分合思考法是将思考对象的有关部分，在思想上将它们分解为部分或重新组合，试图找到解决问题的新方法。大家都知道曹冲称象的故事，曹冲用的就是分合思考法。当时最大的秤只能称10000克重量，而一只象分量很重，如何称呢？曹冲用木船为媒介，把大象分解为等量的石头，分别称出石头的重量，再加到一起，不就等于大象的重量了吗？这是一个典型的分合思考法的例子。

帽子与上衣连起来组合成新的款式，上衣与裤子连起来组成背带裤，上衣与裙子连起来成为连衣裙。收音机与录音机连起来组成收录机。橡皮与铅笔粘在一起成了新型铅笔，据说发明这种铅笔的人是个穷画家，穷得连橡皮头都舍不得丢掉，把它粘在铅笔上，因而成了一项发明，报了专利，穷画家一跃而成了大富翁。这便是分合思考法的妙用。

分合思考法可以分为分解思考法和组合思考法两种。分解思考法可以“化腐朽为神奇”，把无用的因素分离出去，把有用的因素提取出来并加以利用；组合思考法可以由组合而创新。二者都是很有用的创造技法。

训练3：扫清心理障碍，大胆创新

发散思考是创新的源泉。研究发现，影响发散思考顺利发展的心理障碍主要有以下几个。

1.按现成答案

当人们从一个思考基点出发思考时，周围一些已有的现成的答案就会有意无意地涌上心头，这就妨碍了思考向其他方向的扩散，不能想出更多更好更新颖的方案、方法来供选择。解决这个障碍的办法是一问多答、一题多解、一事多思。

2.循规蹈矩

“没有规矩，不成方圆”，“规矩”是帮助人们完成“方圆”的必要的规范约束，但是日常的许多规矩却使人们的思考囿于已有的方圆而不能探索创造新的方圆，尤其是那些陈规陋习往往是扼杀科学、束缚创造的祸首。对付的方法是跳出旧俗，突破框框，勇于“反常”。

3.“从众”“认同”心理

“大家都这样，我也这样。”这种为适应群体的要求和行为而有意或无意地变更自己信念行为的心理，称为“从众心理”。如大家鼓掌，自己也跟着鼓掌，这就是一种从众行为。在交往中，自己被他人或他人被自己同化，心理学上称为“认同”。这种从众、认同的心理现象是发散思考的克星。要想克服它，就要提倡标新立异、别具一格、独树一帜。

4.怕出差错

有这种想法的人就不敢多想，因为发散思考想出来的办法和方案很多是没有先例的，是新颖独创的，可能对，也可能不对。怕出差错的人谨小慎微，思考也就无法放开。这就要求更新观点，勇于思考。发散思考不是科学家、专家们所特有的，一般的人都具有，只是程度不同而已，只要在日常生活中有意识地进行训练（比如，尽量多地列举砖头的用途），发散思考能力就能大大提高。

总之，发散性思考是多方向性和开放性的思考方式，它同单一、刻板和封闭的思考方式相对立。它承认事物的复杂性、多样性和生动性，在联系和发展中把握事物。发散性思考仿佛具有众多条的“触角”，不拘泥于一个方向、一个框架而向四面八方延伸，使我们的思考纵横交错，构成丰富多彩又生动的“意识之网”，而这张网可以迅速、灵活地“编”出多种多样的“意识产品”。

非常测试：你有发散思考能力吗

请对下列各题作出最适合你的选择：

（1）你是不是发现许多题目都存在着大量的解法？

A.很少发现　　B.有时发现　　C.经常发现

（2）你的知识面广吗？

A.不太广　　B.比较广大　　C.相当广

（3）在讨论中，你是喜欢强调自己某一个观点，还是常常提出多种看法让大家讨论？

A.强调某一观点　　B.不一定　　C.提出多种看法

（4）在生活中，你是一个善于找捷径的人吗？

A.不　　B.不能确定　　C.是

（5）做事时，有时你会试着用几种办法看看哪种更好吗？

A.不　　B.不一定　　C.是

（6）你认为任何问题都有多种解决方法吗？

A.不　　B.说不准　　C.是

（7）你有着广泛的兴趣和爱好吗？

A.不　　B.不能确定　　C.是

（8）你常常考虑事物发展变化的多种可能性吗？

A.不　　B.不能确定　　C.是

（9）你星期天通常待在家里不出去吗？

A.是　　B.不能确定　　C.不是

（10）你爱看各种各样的课外书吗？

A.不　　B.不能确定　　C.是

（11）你常与其他同学聊各种事情吗？

A.不　　B.不能确定　　C.是

（12）有人说你大脑灵活、点子多吗？

A.不　　B.不能确定　　C.是

（13）遇到问题时，你常常会想到多种解决问题的方法吗？

A.不　　B.不能确定　　C.是

（14）当你为某项事情作努力时，你对事情的结局有何物质和精神准备？

A.根据最可能发生的某一种情况做好准备（通常是下定决心，只许成功，不许失败）

B.等着，看看情况如何变化

C.先做多手准备

（15）解决一个棘手问题时，你常多方面努力吗？

A.不　　B.不能确定　　C.是

下面请你准备好纸和笔，把一个钟表放在前面。然后以每道题5分钟的速度开始完成以下一些问题（各题的答题时间不能相互挪用），并作出最适合你的选择。

（16）请你写出所能想到带有“土”字结构的字，并统计写出的字数。

A.少于8个　　B.8 ~ 15个　　C.16 ~ 24个　　D.24个以上

（17）请你用数字和数学符号的组成写出“1 = ？”各种可能的等式。注意一种数学符号只能使用一次，并统计写出的等式数量。

A.少于5个　　B.5 ~ 10个　　C.11 ~ 20个　　D.20个以上

（18）请你写出人的各种特点，并统计写出特点数量。

A.少于5个　　B.5 ~ 10个　　C.11 ~ 20个　　D.20个以上

（19）请你写出现有水银体温表的缺点，并统计写出的缺点数量。

A.少于5个　　B.5 ~ 10个　　C.11 ~ 30个　　D.30个以上

（20）写出电扇可能具有（包括将来具有）的各种功能，并统计写出功能数量。

A.少于5个　　B.5 ~ 10个　　C.11 ~ 30个　　D.30个以上

分数分配：

第1 ~ 15题，答A记0分，答B记1分，答C记2分；第16 ~ 20题，答A记0分，答B记2分，答C记4分，答D记6分。各题得分相加，统计总分。

得分分析：

（1）0 ~ 19分：你的发散思考能力不佳，思考显得呆板。

（2）20 ~ 40分：你的发散思考能力一般。

（3）41～60分：你的发散思考能力较好。你常会想到一些别人没有想到的新点子，这些创新活动显然很有价值。

在很久以前的国外，曾经有过一段时间，女人们在外出的时候都习惯戴上一顶很高的帽子，而且这种行为渐渐地成为了当时的一种时尚。即使是在电影院里，那些年轻的小姐和太太们也不肯摘下她们的帽子。这样，势必就给坐在后面的观众带来了极大的不便。就是因为这个原因，电影院里的观众变得越来越少，甚至有一些电影院已经面临倒闭的危机了。

有家电影院，也面临着同样的问题。眼看着自己的生意就要破产，忧心忡忡的经理终于决定用最后一个办法来试试看。

令人惊讶的是，自从经理用了这个办法以后，电影院里就再也没有女人戴着高高的帽子看电影了。于是，电影院的生意又慢慢地好了起来。

那么，经理所用的这个办法究竟是怎样的呢？

答案：

这位经理的办法是：在每场电影正式放映之前，就在银幕上打出“为了照顾老年妇女，本影院特别允许她们戴着帽子观看电影”几个字，这样所有的女观众为了不被别人认为自己是一个老年妇女，自然就把头上的帽子都摘下来了。

第四章

逆向思考法：“背道而驰”通坦途

魔法思考题

用100人去搬100只箱子，男子一次搬3只，女子一次搬2只，小孩每两人抬1只。该有多少男子、女子和小孩，才恰好搬完这100只箱子？

原理

从相反的方向去思考，改变人们通常只从正面去思考的习惯，这种反过来从完全对立的角度去思考问题的方法就是逆向思考法，可以说是“背道而驰”或反其道而行之。从反面去看问题，易引起新的思考，往往产生独特的构思和新颖的观念。正反两方面多想想，可能会收到意想不到的效果。

逆向思考法是指为实现某一创新，或解决某一因常规思路难以解决的问题而采取反向思考寻求解决问题的方法。思考问题时，人们总是习惯于经历一个从起点到终点的过程，沿着事物发展的正方向去思考问题并寻求解决办法。而逆向思考却是把目标倒推回来，主动寻找条件的一种思考方法。

人们说话办事或思考问题往往是带着一种主见，顺着熟悉的思路进行。但是，这种思考也许并不客观，也不完善。俗话说，“当局者迷，旁观者清”，遇到这种情况，有时局内人即使逻辑不通，却还是以为文句通顺，身陷险境也浑然不觉。为了避免这种自我盲目的情况，有时需要旁人的指点。如没有旁人，就有必要采用逆向思考方法，也就是换一个角度重新审视自己的立场。

实践中也有很多事例，对某些问题利用正向思考却不易找到正确答案，一旦运用反向思考，常常会取得意想不到的功效。这说明反向思考是摆脱常规思考羁绊的一种具有创造性的思考方式。其实，对于某些问题，从结论往回推地倒过来思考，从求解回到已知条件，或许反倒会使问题简单化，甚至因此有所发现而创造新的奇迹。这也正是人们着迷于逆向思考魅力的原因。

火箭是向天上发射的，有人将它改变方向，制造出钻井火箭。欧几里得几何学是中学生都熟悉的，且用了两千多年。匈牙利数学家亚·诺什18岁时，从相反方向思考并经过验证，创立了一门新学科——"非欧几何学"。在小学四则运算中，用加法所得的和，为了验证其是否正确，用减法进行验算；用乘法所得的积，再用除法去验证，都是从相反的方向思考问题。

在学习科学理论时，对前人的理论进行实验或实践以证明前人理论的确实性，称为证实法；有时也从另一方向考虑，即通过实验或实践证明前人理论的不确实性或不科学性，称为证伪法。对已有的理论观点进行肯定性的证实或抱有怀疑态度的证伪都是重要步骤。我们要学会使用证实和证伪两种思考方法，学会从逆向考虑问题。

逆向思考最可宝贵的价值，是它对人们认识的挑战，是对事物认识的不断深化，并由此而产生巨大的威力。逆向思考可以创造出许多意想不到的人间奇迹。在日常生活中，有许多通过逆向思考取得成功的例子。

训练1：倒推型逆向思考法

倒推型逆向思考法是指从已知事物的相反方向进行思考而产生发明构思的途径。这种类型的逆向思考首先要确定或设定一个可以达到的目标，然后从目标倒过来往回想，直至你现在所处的位置，从最终目标出发倒回来进行逆向思考，就能获得前进的路线图。要获得“事物的相反方向”常常要从事物的功能、结构、因果关系等三个方面作反向思考。比如，市场上出售的无烟煎鱼锅，就是把原有煎鱼锅的热源由锅的下面安装到锅的上面。这是利用逆向思考，对结构进行反转型思考的产物。

我们在中学时期就学过的数学证明中的反证法，也是应用倒推型逆向思考的典型例子。比如证明：一个三角形至少有两个角大于或等于60度。如果用正向思考，对每一个三角形都去进行证明，这是不可能做到的，但是，采用逆向思考，我们可以把它的成立等同于其反问题的不成立（反问题即：一个三角形的三个角可以都小于60度）。

我们只要证明这个反问题的成立是错的，那么原题即可得证：如果这个反问题成立，则至少有一个三角形的三个角的和小于180度（3×60），这与三角形的三个角的和等于180度的定理是违背的，因此，反问题不成立，原题得证！

逆向思考的一个基本要素就是分出阶段重点。这样，你不得不将长远目标和近期目标清楚地区分开来，然后再将逆向思考分别应用到每一个目

标中去。

20世纪60年代中期，当时在福特一个分公司任副总经理的艾科卡正在寻求方法，改善公司业绩。他认定，达到该目的的灵丹妙药在于推出一款设计大胆、能引起大众广泛兴趣的新型小汽车。他认为，顾客买车的唯一途径是试车。要让潜在顾客试车，就必须把车放进汽车交易商的展室中。吸引交易商的办法是对新车进行大规模、富有吸引力的商业推广，使交易商本人对新车型热情高涨。说得实际点，他必须在营销活动开始前做好小汽车，送进交易商的展车室。

为达到这一目的，他需要得到公司市场营销和生产部门百分之百的支持。同时，他也意识到生产汽车模型所需的厂商、人力、设备及原材料都得由公司的高级行政人员来决定。艾科卡一个不漏地确定了为达到目标必须征求同意的人员名单后，就将整个过程倒过来，从头向前推进。几个月后，艾科卡的新型车——"野马"从流水线上生产出来了，并在20世纪60年代风行一时。它的成功也使艾科卡在福特公司一跃成为整个小汽车和卡车集团的副总裁。

日本虽为经济强国，但却十分崇尚节俭。当复印机大量吞噬纸张的时候，他们将一张白纸正反两面都利用起来，可以节约一半的纸张。日本理光公司的科学家不以此为满足，他们通过逆向思考，发明了一种"反复印机"，已经复印过的纸张通过它以后，上面的图文消失了，重新还原成一张白纸。这样一来，一张白纸可以重复使用许多次，不仅创造了财富，节约了资源，而且使人们树立起新的价值观：节俭固然重要，创新更为可贵。

训练2：转换型逆向思考法

这是指在研究一个问题时，由于解决同一问题的手段受阻，而转换成另一种手段，或转换角度思考，以使问题顺利解决的思考方法。

有一道题是这样的：有四个相同的瓶子，怎样摆放才能使其中任意两个瓶口的距离都相等呢?这道题难倒了不少人，大家琢磨了很久还找不到答案。那么，办法是什么呢?原来，把三个瓶子放在正三角形的顶点，将第四个瓶子倒过来放在三角形的中心位置，答案就出来了。把第四个瓶子“倒过来”，多么形象的逆向思考啊！

转换思考方向法是逆向思考方法中的一种，特点是富于变通性和灵活性，即在一定条件下，探索者的思考能够机动灵活地转移到各种不同的方向。

古希腊著名哲学家阿那克西米尼生于中亚的莱普沙克斯，他思考灵活、想象力丰富。有一次阿那克西米尼随亚历山大远征波斯，在军队将要占领莱普沙克斯时，他为使故乡免受兵患，前往拜见国王。亚历山大早就知道阿那克西米尼的来意，未等他开口便说道：“我对天发誓，决不同意你请求。”“陛下，我请求你下令毁掉莱普沙克斯?”哲学家大声说道。在这里，阿那克西米尼运用的就是逆向思考，逆向思考帮助阿那克西米尼解决了难题。

如历史上被传为佳话的司马光砸缸救落水儿童的故事，实质上就是一个运用转换型逆向思考法的例子。由于司马光不能通过爬进缸中救人的手段解决问题，因而他就转换为另一手段，破缸救人，进而顺利地解决了问题。

你有一面小镜子，可是镜子的支架坏了，怎样也在桌面上立不住，这个镜子在梳妆桌上躺了近半年。有一天，你却忽然发现它立在了桌子上面，原来不知道是谁把镜子转了90度角，利用支架与镜面的角度把镜子立在了桌面上。可见，你原来的思路已经僵化了，而另一种思考模式却很容易地把问题解决了。

训练3：因果相生逆向思考法

因果相生逆向思考是超越常规的思考方式之一。这是一种利用事物的缺点，将缺点变为可利用的东西，化被动为主动，化不利为有利的思考发明方法。这种方法并不以克服事物的缺点为目的，相反，它是将缺点化弊为利而找到解决问题的方法。当你陷入思考的死角不能自拔时，不妨尝试一下这种逆向思考法，打破原有的思考定式，反其道而行之，开辟新的境界。

正如金属腐蚀是一种坏事，但人们利用金属腐蚀原理进行金属粉末的生产，或进行电镀等其他用途，无疑是逆向思考法的一种应用。

有一个小男孩在一次车祸中失去了左臂，但是他很想学柔道，于是他拜了一位日本柔道大师。尽管他学得不错，但是他师傅却由始至终只教他一招，而且对他说：“你只需要会这一招就够了。”后来，师傅带小男孩去参加比赛，小男孩竟真的仅凭那一招就轻轻松松地进入了决赛。决赛的时候，对手是一个比他高大、强壮的人，虽然一开始时小男孩显得有点招架不住，但是当他一使出那招时，他就制服了对手，而且赢得了冠军。或许很多人都会问：“那一招真的那么厉害吗?那一招真的能使一个失去左臂的人赢得柔道冠军吗?”小男孩也同样感到奇怪，他就跑去问他师傅，他师傅告诉他：“有两个原因：第一，你几乎完全掌握了柔道中最难的一招；第二，就我所知，对付这一招唯一的一个办法就是对方抓住你的左臂。”所以，小男孩最大的劣势就成了他最大的优势。

在艺术创作过程中，运用逆向思考方法，在人们的正常创意范畴之外反其道而行之，有时能够起到出奇制胜的独特艺术效果。在平面设计中，因果相生逆向思考是常用的训练方法之一。古希腊神殿中有一个可以同时向两面观看的两面神。无独有偶，我们中国的罗汉堂里也有半个脸笑、半个脸哭的济公和尚。人们从这种形象中引申出“两面神思考”方法。依照辩证统一的规律，我们进行视觉艺术思考时，可以在常规思路的基础上作一逆向型的思考，将两种相反的事物结合起来，从中找出规律。也可以按照对立统一的原理，置换主客观条件，使视觉艺术思考达到特殊的效果。

正所谓“多一只眼睛看世界”，遇事反过来想一想，在侧向——逆向——顺向之间多找些原因，多几个反复，就会多一些创作思路。

从服装时尚的发展历程中我们可以看出，时装流行的走向常常受到逆

向思考的影响。当某一风格广为流行时，与之相反的风格也就要兴起了。如果人们在某一时期追求装饰华丽、造型夸张的装扮，崇尚豪华绮丽的风格。一旦这种风格成为普遍的流行趋势的时候，新意也就渐渐失去，人们就会逐渐从狂热和投入中冷静下来，并渐渐开始对简约、朴实、清新的风格重新产生兴趣，进而形成新的流行风格。像工装裤、尖头鞋等都是以几十年甚至更短的时间循环流行着。受此启发，现代众多有创新意识的服装设计师在自己的创作理念上，往往运用逆向思考的方法进行艺术创作。

训练4：习惯逆向思考法

习惯逆向思考方法，也就是打破传统的思考程序，对问题作出反方向思考。运用这种思考方式，进行"反弹琵琶"式的思考，常常会翻出新意，收到出人意料、令人耳目一新的效果。习惯于正向思考的人一旦得到了逆向思考的帮助，就像战争的统帅得到了一支奇兵！

古希腊的佛里几亚国王葛第士以非常奇妙的方法，在战车的轭上打了一串结，谁能解开这个结，就可以征服亚洲。一直到公元前334年，还没有一个人能够成功地将绳结解开。这时，亚历山大率军入侵小亚细亚，他来到葛第士绳结前，不假思索，拔剑砍断了绳结。后来，他果然一举占领了比希腊大50倍的波斯帝国。

现在让我们寻找这个结最终得以打开的原因，我们知道，"国王葛第士在战车的轭上打的结，持续几百年没有人能够成功地解开”，说明这个“结”按正常方法确实难以解开，但亚历山大没有按照传统采用“解”的方式，而是突破传统、打破定式思考，创造性地用“砍”的方法。别人之所以解不开，还是因为没有想到像亚历山大那样用“砍”的超常规方式来解决问题，受了“解”的思考定式的限制。学会创造性思考，有的时候也需要我们有挣脱传统束缚的勇气。按照“国王葛第士”的预言，唯有能解开此绳结的人才“可以征服亚洲”，征服一个民族、一个地区，姑且不论目的何在，至少需有魄力，亚历山大的“砍”不正说明这一点吗?

有一天，银行里有一位顾客正在咨询贷款的事情，他问银行职员：“我能不能贷款1美元?”银行职员有些诧异，但想到顾客贷款金额不受限制的规定，他只好说：“当然可以，不过先生你必须有相应的资产作为抵押。”只见这位顾客随手取出一包东西，打开来一看，竟是500万元的债券。银行职员很惊讶：“先生您有500万的债券，你完全可以贷好多钱呀！”这位顾客笑一笑：“不必了，我只需要1美元。”然后他们办好了手续，这位顾客正要离开，这一幕刚好被银行的经理看到了，他觉得这事儿很奇怪，便追上去问这位顾客：“先生，我实在不明白，你有500万的债券，完全可以贷好多钱，可为什么您只需要1美元呢?”这位顾客见银行经理这么好奇，就跟他讲出事情的缘由。他说：“我从外地来，现在还有一点其他的事情要办，可是我身上带着这么多的债券，总是不安全，我找了几家寄存处，可他们一看是500万的债券，索要的寄存费都很高，我想来想去，把它放在你们银行最合适，我贷1美元，即使1年，所付的利息也不足10美分。这比他们要的寄存费可便宜多了。”银行经理恍然大悟。

其实，现实生活中人们需要的正是这种不拘一格的创新行为，在遇到问题时，一种方法解决不了，就应当勇敢地去尝试另一种方法，我们要相信，办法一定会比困难多。

训练5：位置互换思考法

一位国内著名大学的教授曾经在好几篇文章中痛斥自己的某个儿子，“我有子女四人，三个都不在北京，只有一个儿子在北京工作，由于儿媳是独生女，因此儿子婚后便倒插门到了女方家。开始每周回来看望一次，后来则不定期前来。一次，老妻突然脚肿不能沾地，我急打电话想招回儿子，盼他助自己一臂之力，可儿子却没能及时赶来。后来，儿子把电话打到家中，也只字不问父母，仅顾着同刚从外地赶来的弟弟谈生意。”教授终于忍无可忍，在电话中斥责他几句，从此挂断电话，父子一年半都没有再联系。

这位老教授站在“老子”的立场，大发感慨，字字动之以情。其实他也未必这样做，不妨就直接教训儿子，父子之间有什么不好沟通的呢？即便是儿子工作压力大、时间紧，也不是不能尽孝心，至少电话中可以问候一下的。

一位挑水夫，有两个水桶，分别吊在扁担的两头，其中一个桶子有裂缝，另一个则完好无缺。在每趟长途的挑运之后，完好无缺的桶子，总是能将满满一桶水从溪边送到主人家中，但是有裂缝的桶子到达主人家时，却只能剩下半桶水。

两年来，挑水夫就这样每天挑一桶半的水到主人家。当然啰，好桶子对自己能够送满整桶水很感自傲。破桶子呢?对于自己的缺陷则非常羞愧，它为只能负起责任的一半而感到非常难过。饱尝了两年失败的苦楚，它终于忍不住在小溪旁对挑水夫说：“我很惭愧，必须向你道歉。”挑水夫问道：“你为什么觉得惭愧?”“过去两年，因为水从我这边一路地漏，我只能送半桶水到你主人家，我的缺陷使你做了全部的工，却只收到一半的成果。”破桶子说。挑水夫替破桶子感到难过，他蛮有爱心地说：“我们回到主人家的路上，我要你留意路旁盛开的花朵。”

果真，他们走在山坡上，破桶子眼前一亮，看到缤纷的花朵，开满路的一旁，沐浴在温暖的阳光之下，这景象使他开心很多！但是，走到小路的尽头，它又难受了，因为一半的水又在路上漏掉了！破桶子再次向挑水夫道歉，挑水夫说：“你有没有注意到小路两旁，只有你的那一边有花，好桶子的那一边却没有开花呢?”

“我明白你有缺陷，因此我善加利用，在你那边的路旁撒了花种，每回我从溪边来，你就替我一路浇了花！”

“两年来，这些美丽的花朵装饰了主人的餐桌。如果你不是这个样子，主人的桌上也没有这么好看的花朵了！”

这则故事告诉我们：每个人都有缺点，看你如何看待它。而最重要的是我们如何能将这些缺点转化为优势，将优势好好地运用、发挥并得到更好的结果。例如，有些人过于急躁，是不是因为他个性比较积极？有些人下决策比较慢，是否因为他比较谨慎？换个角度，也许我们会有不同的想

法，就如同在文中的挑水夫一般，利用破水桶会漏水的特性，将它来灌溉花草，使主人的餐桌上增添了色彩。也许我们可以说它是无心插柳，但若是没有挑水夫的识人与善任，就不会有沿路茂盛的花草。

逆向思考有悖于通常人们的习惯，而正是这一特点，使得许多靠正常思考不能或是难以解决的问题迎刃而解。一些正常思考虽能解决的问题，在它的参与下，过程可以大大简化，效率可以成倍提高。

非常测试:你有逆向思考能力吗

请对下列各题作出最适合你的选择：

（1）在做几何证明题时，你喜欢使用反证法吗?

A.是　　B.说不准　　C.不

（2）有时你将问题倒过来考虑吗?

A.是　　B.说不准　　C.不

（3）你喜欢反驳别人的观点吗?

A.是　　B.说不准　　C.不

（4）你的反驳意见能被别人接受吗?

A.是　　B.说不准　　C.不

（5）在写作文时，你尝试过倒叙写法吗?

A.多次　　B.有几次　　C.没有

（6）与人争论过后，你会从对方角度想一下是非曲直吗？

A.是　　B.说不准　　C.不

（7）你有时会提出与正在讨论的问题相反的一个问题吗？

A.是　　B.说不准　　C.不

（8）看小说时，你曾直接翻到书尾看看结局如何，然后再决定是否仔细阅读整本书吗？

A.多次　　B.有几次　　C.不

（9）当你受挫时，你能意识到它给你带来的帮助吗？

A.能　　B.说不准　　C.没有

（10）在解数学题时，你常常使用逆推法（即从结果推演到条件）吗？

A.是　　B.说不准　　C.不

（11）你了解守恒原理吗？

A.是　　B.说不准　　C.不

（12）你的思考灵活吗？

A.是　　B.说不准　　C.不

（13）你了解辩证法基本原理吗？

A.是　　B.说不准　　C.不

（14）你理解并赞同坏事可以变成好事的说法吗？

A.完全理解和赞同　　B.有些理解　　C.不理解或不赞同

（15）你了解数理统计学中假设检验的理论和方法吗？

A.是　　B.说不准　　C.不

下面请你准备好纸和笔，把一个钟表放在面前，然后开始完成以下一些问题。记下各题答题时间（过了10分钟仍没有找到正确答案视为没有答出并开始做下一题），看看你的答题情况符合A、B、C、D四种选择中的哪一种。

（16）我们知道煮熟的鸡蛋可以直立在桌上。请你想一个办法，让煮熟的鸡蛋直立在桌上。注意，不允许借助于其他工具或物品。

A.1分钟内完成　　　　B.1～5分钟内完成

C.5～10分钟内完成　　　　D.10分钟内没有完成

（17）瓶塞已深陷瓶口，无法用手取出。请问在不打破瓶子的前提下，你有办法让瓶中的液体流出来吗?注意，不允许借助于其他工具或物品。

A.1分钟内完成　　　　B.1～5分钟内完成

C.5～10分钟内完成　　　　D.10分钟内没有完成

（18）一只乒乓球掉入被固定于水泥地面的一根直立的铁管（铁管长15厘米）中，铁管的孔径比乒乓球的直径大1厘米。在不破坏地面及铁管的前提下，你如何让乒乓球从管中出来?

A.10分钟内找到5种以上办法　　　　B.10分钟内找到2~5种方法

C.10分钟内找到1种办法　　　　D.10分钟内没有找到办法

（19）在炎热、干燥的沙漠中，两位摩托车手为获得一笔优厚的奖金正实行一项奇怪的比赛：谁的车最迟到达位于沙漠另一处的目的地，谁就获胜。出发后，两位车手都磨蹭着不肯前行，越来越严重的饥渴感包围着他们。你能替他们想一个办法，使他们既能尽快到达目的地，又不会因此输掉这场比赛吗?

A.1分钟内完成　　　　B.1～5分钟内完成

C.5～10分钟内完成　　D.10分钟内没有完成

（20）一位老师与两个学生做游戏：“这里有3支笔，其中2支是蓝色的、1支是黑色的。现在我们每人1支。请你们两个根据自己手上笔的颜色，猜出对方所拿笔的颜色。”这两个学生拿到笔以后，起先都愣了一下，好像都猜不出来。突然，两个学生都喊了起来：“我猜着了。”你知道他们是如何猜出来的吗？

A.1分钟内完成　　B.1～5分钟内完成

C.5–10分钟内完成　　D.10分钟内没有完成

分数分配：

第（1）～（15）题中，答A记2分，答B记1分，答C记0分。第（16）～（20）题中，答A记6分，答B记4分，答C记2分，答D记0分。各题得分相加，统计总分。

第（16）题：从结果开始，设想鸡蛋已直立于桌上。由于不允许使用黏合剂，鸡蛋的一端必须有一定面积与桌子接触才能稳稳地立住。结论是打碎鸡蛋的一端。

第（17）题：瓶塞无法取出，但可以推入瓶中。

第（18）题：考虑结局。由于铁管是固定的，所以事情的结局只有一种：乒乓球从管中出来。此题对工具和乒乓球是否损坏没有限制，故有多种办法：①将长长的细管伸入铁管底部吹气，吹出乒乓球；②向铁管中充水或用其他液体使乒乓球浮起；③用细铁丝勾出乒乓球；④在筷子一端涂上黏合剂，伸入铁管粘出乒乓球；⑤有节奏地敲打铁管，震出乒乓球；⑥

将沙土缓缓灌入铁管，使乒乓球被顶起；⑦用尖锐的细棒戳入乒乓球，提起球……

第（19）题：考虑到结果仅以谁的车迟到，谁就获胜，故只要将两人的车互换，比赛谁快即可。

第（20）题：不从自己的笔开始推理，从对方的表现开始推理。考虑到对方拿笔不能一下子猜出来，说明参考方拿的不是黑笔，否则对方早就猜出自己拿的是蓝笔了。

得分分析：

（1）0～19分：你的逆向思考能力不佳。

（2）20～40分：你的逆向思考能力一般。

（3）41～60分：你的逆向思考能力较好。你善于从相反方向考虑问题，找到解决问题的正确思路。

树上有10只鸟，开枪打死1只，请问还剩几只？

答案：

（1）一只都不剩

（2）不确定。

"是无声手枪吗？"

“不是”。

“枪声有多大?”

“80～100分贝。”

“那就是说会振得耳朵疼?”

“是。”

“在这个城市里打鸟犯不犯法？”

“不犯。”

“你确定那只鸟真的被打死了？”

“确定。”老师已经不耐烦了，“拜托，你告诉我还剩几只就行了，可以吗？”

“好的，树上的鸟里有没有聋子？”

“没有。”

“有没有关在笼子里的？”

“没有。”

“边上还有没有其他的树，树上还有没有其他鸟？”

“没有。”

“有没有残疾或饿得飞不动的鸟？”

“没有。”

“算不算怀在肚子里的小鸟？”

“不算。”

“打鸟人的眼有没有花?保证是10只？”

“没有花，就10只。”

老师已经满头大汗，且下课铃响了，但学生还在问："有没有傻到不怕死的鸟？"

"都怕死。"

"会不会一枪打死两只？"

"不会。"

"所有的鸟都可以自由活动吗？"

"完全可以。"

"如果您的回答没有骗人，"学生满怀信心地说，"打死的鸟要是挂在树上没有掉下来，那么就剩一只；如果掉下来，就一只不剩。"

第五章

质疑思考法：打破沙锅问到底

魔法思考题

张三先花50元钱买回一匹布，以60元的价格倒手卖给李四。到了第二天，布匹价格大幅上涨，张三又从李四手里以70元的价格买回了那匹布。几天后，张三终以80元的价格将这匹布卖了出去。请问在这个过程中，张三赚钱了吗？如果说赚了，赚了多少？

原理

爱因斯坦曾说过：“提出一个问题往往比解决一个问题更重要，因为解决一个问题也许仅是一个科学上的实验技能而已。而提出新的问题、新的可能性，以及从新的角度看旧的问题，却需要有创造性的想象力，而且标志着科学的真正进步。”

培根也有这样的言论：“如果你从肯定开始必将以问题告终，如果从问题开始则将以肯定结束。”

爱因斯坦还有一句名言：“（在科学历史上）没有一个已经完全解决了的问题，也没有一个永远不变的问题！”著名的数学家希尔伯特就是一个想象力异常丰富、善于提出问题的人。

在1900年第二届国际数学家大会上，他作了题为《数学的问题》的报告，一举提出了当时数学领域中的23个重大问题。这些问题，后来被称为“希尔伯特问题”。它们的提出，有力地促进了数学的发展。为此，希尔伯特总结道：“只要一门科学分支能提出大量的问题，它就充满着生命力，而问题缺乏则预示着独立发展的衰亡或中止。”正是黑体辐射和以大陆漂移假说所提出的问题，导致了经典物理学的危机和现代地理学的诞生。于是，“宇宙热寂”和“麦克斯韦妖”所提出的问题，促进了热力学

和统计物理学的诞生……

两千多年前，伟大的诗人屈原曾面对长空，发出了著名的“天问”，他问天问地、问人情伦理、问世道沧桑、问四季变化、问……尽管他的提问，更多的带有政治、社会以及关注朝政的色彩，但至少说明了他善于带着问题思考。从广义上讲，人类正是像屈原一样，在提出问题、解决问题中开拓前进的。

质疑思考法就是勇于提出问题，敢于向权威挑战。不受传统理论的束缚，不迷信书本和专家权威，也不盲目从众。勇于提出问题或者敢于挑战也不是没有根据地乱说，而是在认真学习前人知识经验的基础上，经过深思熟虑，发现问题，提出质疑。华罗庚在初中毕业后，认真系统地自学数学，经过验证，发现当时一位数学教授的公式推导有错，他就大胆提出质疑。在学习中，经过认真思考，敢于发现问题，勇于提出问题，这是学习成功的重要环节。俗话说得好：“学问学问，要学就要问。”学，就是对已有知识体系的继承和肯定；问，就是对已有知识体系的质疑和否定。

质疑的目的是为了提出新看法、新观点，建立新理论，这就是立论。质疑和立论是创造性思考的两个阶段。有人说：质疑诚可贵，立论价更高。质疑使人将信将疑，立论使人心明眼亮；质疑使人千回万转，立论使人豁然开朗。总之，质疑只是宣告旧理论有毛病，立论才能宣告旧理论的结束、新理论的成立。

训练：质疑提问的技巧

提问题固然重要，但缺乏必要的知识、经验，缺乏应有的思考修养，同样是提不好问题的。所以，要想获得创造性的思考成果，除了应具备基础的知识、经验等外，还必须具备相应的生疑提问的思考技巧。

1.问原因

每看到一种现象，看到一种事物，我们均可以生疑提问，问一问产生这些现象（事物）的原因是什么？一般说来，事物发展总是有因有果，因果是互相联系的。

寻找到原因，就为解决问题（结果）提供了前提条件。英国医生李斯德在用微生物理论解决酒发酵的难题后，并未因此而停步。他进一步地挖掘不使酒变酸的“原因”是什么？他想到：“如果说是细菌破坏了酒味，那细菌不也是外科中难以解释的致命原因吗？”沿着这个问题，他进行了不懈地研究，最后终于解决了外科灭菌的问题，造福于整个人类。

2.问结果

由于因果是紧密相连的，所以，问原因之后，自然也可以问结果。换言之，在思考问题、认识事物时，我们要养成一种思考习惯，即想一想“这样做，会导致什么新的结果呢？”在思考时，尽量不要受旧的事物结果的束缚，要敢于提出新的看法。甚至有时看起来是荒诞的看法，也可能会导致新的有价值的结果。

3.问规律

因果有联系，是因为事物由其固有的规律所决定。找到这种联系，就找到了事物发展的规律。所以，通过问规律，也会获得有价值的创造性成果来。“大陆漂移”说的创立人魏格纳是德国的一名地质工作者，第一次世界大战时应征入伍，作战负伤后被送到后方医院治疗。他住的病房墙壁上挂着一幅世界地图，每天他都要看到这幅地图。经过长久观察，他突然发现了一个有趣的问题：为什么大西洋两岸大陆各自的弯曲状态（海岸线）如此相似呢？其中有什么原因呢？有什么规律可循吗？带着这个想法，他进行了潜心的研究，终于探明了大陆构架的规律，并提出了“大陆漂移”这一崭新的理论。

4.问发展

世界总要前进的，事物也总是在发展。所以，在思考问题时，我们可以运用上述技巧，设想某些事物的发展前景或趋势。这样，也有可能导致产生新观念、新想法、新理论。我们可以假设，当某一情况发生后，其发展趋势会是什么呢？比如，有人曾举例说，假如设想“世界上没有老鼠”，那世界将会产生什么影响，其发展结果会是什么？

对此，可作如下推测：粮食损失将会减少，人类不会再为“鼠疫”担忧，不再制造捕鼠器和鼠药，动物界少了一种动物，衣物、家具不再被老鼠咬坏，没有做实验用的老鼠了，猫头鹰少了一种食物来源……同理，我们可以对客观世界的诸多变化，进行上述推理性思考，作出有意义的推测，并从中寻取对我们有价值的信息和答案。

“星期日晚上 9 点你在哪里？”警察问一个嫌疑人。嫌疑人说他在哥哥家。警察说：“可是有人在你哥哥家按了半天的门铃也没人答应。”

犯罪嫌疑人说：“那天因为烤面包机短路把保险丝给烧了，因为一时来不及修复，所以没电。哥哥出去了，就我一个人在屋里，我很早就睡了。没有电，门铃也不响，所以外面有人按门铃我一点也不知道。”

听到这些后，警察马上说：“你在撒谎！”

你知道为什么吗？

答案：因为门铃用的都是干电池，所以即使停电电铃也会响。嫌疑人却说因为停电门铃不响，显然是在撒谎。

第六章

抽象思考法：抽蚕剥丝露真容

魔法思考题

小张是一位实验员。实验室主任让她去取5克药粉。她来到实验室，发现这里只有一架天平，一只20克的砝码和标有70克重量的一瓶药粉。小张该怎样做才能取得5克药粉？

原理

抽象思考是思考的高级形式，又称为抽象逻辑思考或逻辑思考。抽象思考法就是利用概念，借助言语符号进行思考的方法。其主要特点是通过分析、综合、抽象、概括等基本方法协调运用，从而揭露事物的本质和规律性联系。从具体到抽象，从感性认识到理性认识必须运用抽象思考方法。

抽象思考可分为经验思考和理论思考。人们凭借日常生活经验或日常惯例进行的思考叫做经验思考。儿童常运用经验思考，如“鸟是会飞的动物”“果实是可食的植物”等属于经验思考。由于生活经历的局限性，经验易出现片面性和得出错误的结论。理论思考是根据科学概念和理论进行的思考。这种思考活动往往能抓住事物的关键特征和本质。

抽象逻辑思考的基本单位是概念，人们通过概念进行判断和推理。概念、判断、推理是抽象思考的基本形式。人们在认识活动中运用概念、判断、推理等思考形式，对客观现实进行间接的、概括的反映过程属于理性认识阶段。抽象思考凭借科学的抽象概念对事物的本质和客观世界发展的深远过程进行反映，使人们通过认识活动获得远远超出靠感觉器官直接感知的知识。

科学的抽象是在概念中反映自然界或社会物质过程的内在本质的思想，它是在对事物的本质属性进行分析、综合、比较的基础上，抽取出事物的本质属性，撇开其非本质属性，使认识从感性的具体进入抽象的规律，形成概念。空洞的、臆造的、不可捉摸的抽象是不科学的抽象。科学的、合乎逻辑的抽象思考是在社会实践的基础上形成的。

作为人类基本思考方法之一的抽象思考方式，在认识和改造客观世界时，具有重要的作用。这正如列宁所指出的："当思考从具体的东西上升到抽象的东西时，它不是离开真理，而是接近真理。"

训练1：培养抽象思考能力

在学习和运用抽象思考时要注意以下五点：

（1）要学习掌握和运用科学概念、理论和概念间的内在联系。

（2）要掌握和用好语言系统。

（3）要重视科学符号的学习和运用。

（4）与思考的基本方法密切配合运用。

（5）与抽象记忆法、理解记忆法及其派生的方法联合训练，可以起到互相促进的较好效果。

训练2：培养个人的统摄思考能力

思考过程是一个清晰逻辑的思考过程，也是一个不断从一个环节过渡到另一个环节的、由浅入深或由少到多的认识过程。在这种思考认识过程中，就需要借助思考来把握事物的整体和全貌，及其发展的全过程。

所谓统摄思考能力就是通过综合和概括，借助概念反复把握事物整体及其发展的全过程的思考方式。把大量的事实综合在一起形成科学概念，再把更多的概念、事实和观察概括为内涵更集中的概念，并用清晰而简洁的符号加以标识，这是科学发展的形式。例如，生理学中“新陈代谢”和“条件反射”，生物学中“动物”和“植物”，社会发展学中的“生产力”和“生产关系”等概念都是包含一系列事实的概念。在学习过程中，我们要尽力去领会概念之间的内在联系，运用概念和符号去把握事物的整体。不仅是在知识学习中，而且更重要的是在社会实践中，如能自觉运用统摄思考，经常去认识事物之间的联系，把握其整体特征和发展全过程，那将会大大提高抽象思考能力。

应用：抽象思考法在学校学习中的应用特点

抽象思考是大脑左半球的主要功能。在目前学校各门课程学习活动中，大量地进行读、写、算，即阅读、写作、计算、分析、逻辑推理和言语沟通等，其过程主要是以语言、逻辑、数字和符号为媒介，以抽象思考为主导。这些活动都是着重于左脑功能的发展。

据有关方面的材料证明：在目前教学上，运用抽象思考是形象思考的几十倍。抽象思考在教学中占有绝对优势。

一方面，这说明抽象思考在学习科学知识中的重要作用，或者说离开抽象思考就无法进行科学知识的学习。要搞好学习必须发展大脑左半球的功能，重视言语思考能力，学会并善于运用抽象思考方法，这也是学习成功的基本条件。

另一方面，也说明人们对形象思考和创造能力重视不够，忽略了大脑右半球功能的发挥，这也是教育中的严重不足。

抽象思考深刻地反映着外部世界，使人能在认识客观规律的基础上科学地预见事物和现象的发展趋势，预言“生动的直观”没有直接提供出来的但存在于意识之外的自然现象及其特征。它对科学研究以及人类在日常生活中处理人与世界的关系都有其重要的意义。

非常测试：你有抽象思考能力吗

请对下列各题作出最适合你的选择：

（1）你说话富于条理吗？

A.是　　　B.不能确定　　　C.不

（2）看完一篇文章，你是否马上能说出文章的主题？

A.通常能　　B.有时能　　　C.不能

（3）你写信时常常觉得不知如何表达吗？

A.不　　　B.不能确定　　　C.是

（4）你是否能发现老师讲课中的某些错误？

A.常常能　　B.偶尔能　　　C.不能

（5）学校数学课程对你来说，还是比较轻松的吗？

A.是　　　B.不能确定　　　C.不

（6）你是否能轻易找到一些笑料使大家都笑起来？

A.常常能　　B.有时能　　　C.不能

（7）你对世界上很多事物及其活动规律看得比较透彻吗？

A.是　　　B.不能确定　　　C.不

（8）你很轻松地就可以弄清一篇文章的要点吗？

A.通常能　　B.有时能　　　C.不能

（9）当你告诉别人什么事情时，你常会有词不达意的感觉吗？

A.不　　　B.不能确定　　　C.是

（10）考试时你常常感到时间不够而来不及做完所有的题目吗？

A.不　　　B.不能确定　　　C.是

（11）你的考试成绩好吗？

A.对　　　B.不能确定　　　C.不

（12）你写作文时曾发生离题的现象吗？

A.多次发生　B.偶尔发生　　　C.不曾发生

（13）当你发觉说错话时，是否窘得说不出话来？

A.不　　　　B.不能确定　　　C.是

（14）有人说你说话常不着边际吗？

A.不　　　　B.不能确定　　　C.是

（15）在电影和电视剧中，你发现过一些不合情理的情节吗？

A.多次发现　B.偶尔发现　　　C.没有

（16）你在下棋、打扑克这些智力游戏中常取胜吗？

A.是　　　　B.不能确定　　　C.不

（17）你常不假思索地接受别人的意见吗？

A.不　　　　B.不能确定　　　C.是

（18）你善于分析问题吗？

A.是　　　　B.不能确定　　　C.不

（19）你的同伴有难题时是否会询问你？

A.是　　　　B.不能确定　　　C.不

（20）你觉得想问题是件很累的事吗？

A.是　　　　B.不能确定　　　C.不

（21）在朋友们面前发觉自己不小心做了不得体的事时，你是否能迅速找一个台阶下(如开一句玩笑)，使自己摆脱困境？

A.是　　　　B.不能确定　　　C.不

（22）你和同学讨论问题时，是否常出一些很有价值的主意？

A.是　　　　B.不能确定　　　C.不

（23）有时你将问题倒过来考虑吗？

A.是　　　　B.不能确定　　　　C.不

（24）你的作文曾获奖或被公开刊出吗？

A.是　　　　B.不能确定　　　　C.不

（25）你常与别人辩论吗？

A.是　　　　B.不能确定　　　　C.不

（26）几个同学为一件事争论不休时，你能从他们各自的说法中找出共同点，而把他们的观点统一起来吗？

A.通常能　　B.有时能　　　　C.不能

（27）大多数情况下，你只要一看(小说或影视)故事的开头，就能正确猜到结局如何吗？

A.是　　　　B.不能确定　　　　C.不

（28）你的提议常被别人忽视或否定吗？

A.不　　　　B.不能确定　　　　C.是

（29）在别人与你寒暄尚未切入正题之前，你常常已大致猜到对方的意图吗？

A.是　　　　B.不能确定　　　　C.不

（30）你爱看侦探小说或影视片吗？

A.是　　　　B.不能确定　　　　C.不

分数分配：

每题答A记2分，答B记1分，答C记0分。各题得分相加，统计总分。

得分分析：

（1）0～19分：你讲话、想问题缺乏逻辑，思考能力较弱。

（2）20～40分：你的抽象逻辑思考能力一般。

（3）41～60分：你的抽象逻辑思考能力较强。你善于抓住问题的关键，话也显得有条有理。

一个欧洲作家在他写的小说中谈到，他乘套5只狗的雪橇从滑雪场赶到自己的住地去，因为自己的爷爷突发心脏病。

在这篇小说里，有好几个极有趣的细节，可以构成极有趣的题目。

在途中第一个昼夜，雪橇以作家规定的速度全速行驶。一昼夜后，有2只狗扯断了缰绳和狼群一起逃走了。于是剩下的路程作家只好用3只狗拖雪橇了，前进的速度是原来速度的3／5。因为这缘故，作家到达目的地的时间比预定时间迟了2昼夜。

对这件事，作家写道：“逃跑的 2 只狗如能再拖雪橇走50公里，那我就能比预定时间迟一天到。”

这样就产生了一个问题：从滑雪场到住地有多少路?

答案：

滑雪场到作家的住地有133又1／3公里（算式为100＋33又1／3＝133又1／3）。

第七章

形象思考法：若有所思入佳境

魔法思考题

有12个球，外观完全一样，在重量上有一个不合格，但不知这个球比标准球是轻了还是重了？要求在一架天平上只称三次（不用砝码），把这个不合格的球找出来，请问该怎么做？

原理

所谓形象思考主要是用直观形象和表象解决问题的思考。其特点是具体形象性、完整性和跳跃性。

形象思考的基本单位是表象。它是用表象来进行分析、综合、抽象、概括的过程。当人利用他已有的表象解决问题时，或借助于表象进行联想、想象，通过抽象概括构成一幅新形象时，这种思考过程就是形象思考。所以，利用表象进行思考活动、解决问题的方法，就是形象思考法。

一个人要外出，他要考虑环境、气候、交通工具等情况，分析比较走什么路线最佳、带什么衣物合适，这种利用表象进行的思考就是形象思考。在文学作品中典型形象的创造、画家绘画、建筑师设计规划建筑蓝图等也是形象思考的结果。在学习中，不管哪一学科，不管是多么抽象的内容，如果得不到形象的支持，如果没有形象思考的参与，都很难顺利进行。所以我们学习各门课程时，既要运用抽象思考法，也要运用形象思考法。

形象思考不仅以具体表象为材料，而且也离不开鲜明生动语言的参与。

形象思考分为初级形式和高级形式两种。初级形式称为具体形象思考，就是主要凭借事物的具体形象或表象的联想来进行的思考。高级形式的形象思考就是言语形象思考，它是借助鲜明生动的语言表征，以形成具体的形象或表象来解决问题的思考过程，往往带有强烈的情绪色彩。其主要的心理成分是联想、表象、想象和情感，但它具有思考抽象性和概括性的特点。言语形象思考的典型表现是艺术思考，它是在大量表象的基础上，进行高度的分析、综合、抽象、概括，形成新形象的创造。所以，形象思考也是人类思考的一种高级和复杂的形式。

高级复杂的形象思考是对头脑中的形象进行抽象概括，并形成新形象的心理过程。它并不总是与语言紧密联系，未必进行充分的语言描述。但是，它比概念概括有着较大的稳定性、整体性，而且更加具体、更加丰富，因为概念概括要舍弃非本质的特征，而形象概括则常包容着丰富的细节。科学家、文学家、艺术家、技术专家常常将形象概括与概念概括相结合，从而创造出新的成果或新的形象。

大脑右半球喜欢整体的、综合和形象的思考，所以有人说右半球是形象思考中枢，它的思考材料侧重于事物形象、音乐形象和空间位置等。在开发右半球的潜能时，主要就是利用形象记忆和形象思考活动。这是开展右脑训练的基本原则。

下面再讲几个具体训练方法。

训练1：累积形象材料

在看电视、欣赏音乐、学习、参观、旅游、家务等日常活动和社会实践活动中，尽量扩大对自然和人类活动中事物形象的掌握，有意识地观察事物形象，广泛积累表象材料，丰富表象储备。头脑中的表象越多，不仅越能促进右半球的活动，也越会为形象思考提供了形象原料。

1979年诺贝尔物理学奖获得者格拉肖也提出：

“涉猎多方面的学问可以开阔思想，像抽时间读读小说，逛逛动物园都有好处，可以帮助提高想象力，这同理解力和记忆力一样重要。假如你从来没有见过大象，你能想象出这种奇形怪状的东西吗？我这样讲，有的人听起来可能会感到奇怪，但是在我们研究物理问题的时候，往往会用到现实世界的各种形式。对世界或人类社会的事物形象掌握得越多，就越有助于抽象思考。”

当然也更有助于形象思考。

可以说，丰富的表象储存无论对形象思考还是抽象思考都有帮助。

训练2：积极开展联想和想象活动

要经常开展形象丰富生动的联想和想象活动。不要束缚自己的想象，要让想象展翅高飞，任其在广阔的宇宙中遨游。

中国著名的化学家侯德榜，曾于1932年因发明新的制碱法造出纯碱，

从而在万国博览会上荣获金质奖章，他办的企业称雄国际化工界近一个世纪。侯德榜小时候不但读书非常刻苦勤奋，严格要求自己，成绩优异，十门功课得了1000分，而且还喜欢想象，爱好形象思考。他十来岁的时候，在课余时间经常躺在福建家乡的草坡上，望着滚滚的闽江水，让自己的想象纵情驰骋，旋转不息的水车、姑母家的药碾子，都是他想象过的东西。

训练3：建构知识整体学习法

传统教学法是一节一节、一章一章地学，从最佳学习方法来看这是少慢差废，不科学。建构知识整体学习方法要求先理解和掌握知识的整体结构，以此为根基去理解部分知识内容。先把握知识结构层次和整体框架，使脑内浮现一张地图形成整体架构，然后搞清部分与部分之间的关系形成整体认知结构。进一步区分知识的层次、方面和知识点，形成知识系统和整体结构，进而把握知识或事物的重点，分清重点和细节部分，集中精力理解并掌握知识重点和整体结构。

建构知识整体学习法，强调建构知识整体结构，有助于大脑右半球功能地发挥，能大大提高学习记忆的效果。

《学习的革命》一书内强调，搞大型拼版玩具，外出旅游，学习课程，都应先从概貌开始，掌握整体图表和整体结构，再掌握部分。并指出，传统教学，不慌不忙，一节一章，每周几节课，只有部分，没有总的概貌，效率太低。

训练4：促进右脑功能发展的训练

能促进右脑功能发展的活动有许多，现讲述八点：

（1）培养绘画意识，经常欣赏美术图画，还要动手绘画，有助于大脑右半球的功能开发。

（2）画知识树，在学习活动中经常把知识点、知识的层次、方面和系统及其整体结构用图表、知识树或知识图的形式表达出来，有助于建构整体知识结构，对大脑右半球机能发展有益。

（3）发展空间认识，每到一地或外出旅游，都要明确方位，分清东西南北，了解地形地貌或建筑特色，培养空间认识能力。

（4）练习模式识别能力，在认识人和各种事物时，要观察其特征，将特征与整体轮廓相结合，形成独特的模式加以识别和记忆。

（5）音乐训练，经常欣赏音乐或弹唱，增强音乐鉴赏能力，能促进大脑右半球功能发展。

（6）冥想训练，经常用美好愉快的形象进行想象，如回忆愉快的往事，遐想美好的未来，想象时形象鲜明、生动，不仅使人产生良好的心理状态，还有助于右脑潜能的发挥。

（7）经常开展形象记忆和形象思考活动。

（8）左侧体操，练左侧体操和运动有助于右脑保健。

训练5：培养良好想象品质

想象的品质为：

（1）想象的主动性是指想象的目的性的程度。

（2）想象的丰富性是指想象内容的充实程度。

（3）想象的生动性是想象表现出的鲜明程度。

（4）想象的现实性是想象与客观现实相关的程度。

（5）想象的新颖性系指想象的新奇程度。

想象力的培养要认真做好以下几点：

（1）积累广泛、深刻、丰富的各种表象。

（2）掌握丰富的语言文字。

（3）积累丰富的生活经验。

（4）大量阅读文艺作品。

（5）积极参加创造活动。

（6）尽量运用各类想象。

（7）培养正确的幻想。

（8）树立远大的理想。

练习

请你设想一下如果让你将100万这个数字用具体而又形象的方式表示出来，你该如何作答呢？

答案：

有人用几天时间爆玉米花，然后装入32立方米的盒子中，将盒子吊起来，然后掀开底盖，爆米花“哗——”地，这就是他给的答案。

第八章

归纳思考法：归总前提得结论

魔法思考题

有10条长短不一的小铁链，分别由3、4、6、8、9、11、12、14、16、17个铁环组成。现在需要把它们全部接起来组成一条大铁链。请问最少需要凿开或联结几个环才能解决问题？

原理

奥地利医生彼得在看儿子睡觉时，忽然发现儿子的眼珠子转动起来。他感到奇怪，连忙叫醒了儿子，儿子说他刚才正做着一个梦。

彼得想，眼珠子转动会不会与做梦有关呢？

于是，他把儿子当成了“试验品”：每当儿子睡觉时，他便守在旁边。一旦发现儿子的眼珠子转动，就叫醒儿子，儿子总会说正在做梦。

彼得又仔细地观察他的妻子，后来又观察了邻居、他的病人，都发现同样的情况。因此，他写出了论文，指出人睡觉时眼珠转动，表示睡者在做梦。

他的论文引起了各国科学家的注意。如今，人们研究梦的生理学，用眼珠子转动的次数、转动的时间，来测量人做梦的次数、梦的长短。

这种用直接观察所取得的结果和今天用脑电波的测试数据是相吻合的。

“人睡觉时眼珠子转动，表示睡者在做梦。”这个结论当时是怎样得来的呢？是这位奥地利医生观察了儿子、妻子、邻居及病人等个别现象后归纳分析得出来的：

儿子睡觉时眼珠子转动，表示在做梦；

妻子睡觉时眼珠子转动，表示在做梦；

邻居睡觉时眼珠子转动，表示在做梦；

病人睡觉时眼珠子转动，表示在做梦；

……

所以人睡觉时眼珠子转动，表示睡者在做梦。

“儿子……”“妻子……”“邻居……”“病人……”等都是一些个别的特殊的事例，所以，人睡觉时眼珠子转动，表示睡者在做梦是从这些个别的特殊的事例中总结出的同一类事物的一般结论，这种由一些个别的、特殊的事例推出同一类事物的一般性结论的思考方法，叫归纳分析法。这种方法在我们实际生活中的应用十分广泛。

归纳推理是一种由特殊或个别性的前提推出一般性结论的推理。其推理的一般形式如下：

A是G

B是G

C是G……前提

A、B、C都是D

所以D是G……结论

推理中的前提是论据，结论是论点。

比如论证“自学能成才”：

高尔基是个人才

华罗庚是个人才

张海迪是个人才……论据（前提）

他们都是靠自学成才的

所以说自学能成才……论点（结论）

在实际应用中可以省略成分，如上边那种形式可变成：高尔基、华罗庚、张海迪不都是自学成才的吗?

归纳推理可分为完全归纳推理和不完全归纳推理。不完全归纳推理又可分为简单枚举归纳推理、科学归纳推理、概率预测推理和统计推理。除完全归纳推理之外，其余的全是前提与结论之间没有蕴含关系的或然性推理。

训练1：完全归纳推理

完全归纳推理，又称完全归纳法。它是通过考察某一类事物中每一个对象的情况，从而概括出关于该类事物情况的一般性结论的推理。

例如：德国数学家弗里德里希·高斯，在10岁时曾迅速而准确地得出老师出的一道算术题的答案。这道题是这样的：

1＋2＋3＋…＋98＋99＋100＝?

这道题如果用普通加法算，得耗费好多时间，而且容易出错。高斯发现，从1~100这些数，两头对称的两个数相加得数都是101。而两头对称的数，在1~100中共有50对。于是他把101乘以50便得出5050这一答案。在这里，高斯就是用完全归纳推理的方法得出“两头相加为101”这一结论的。

完全归纳推理有很大的局限性。它要求对一类事物的全部分子都进行考察，才能得以推出结论。

训练2：不完全归纳推理

不完全归纳推理，亦称“简单归纳法”或“简单枚举归纳推理”。这是只根据部分对象个体具有的某种属性而作出概括的推理方法。具体地说，就是通过对某类事物部分对象的考察，以及列举若干经验事例，发现某一属性在一些同类对象中不断重复，而又没有遇到与此相矛盾的情况，从而得出该类事物都具有某种属性的一般性结论。

简单枚举的特点是没有列举全部或无法列举全部事例，把仅属于部分对象个体的性质当作全体对象一般属性作出判断，而且又未通过理论证明，因此结论不一定是可靠的，是非确定性的结论。也就是说，结论可能为真，也可能为假。虽然如此，它在人们的认识过程中仍然具有重要作用。因为它可以对事物进行初步的概括，提出尚待进一步证实的假设，为人们的科学研究活动指出了一定的方向、提供了一定的线索，促进人们进一步开展研究工作，或者充实初步的假设或者推翻它，这对每一门科学的研究和发展都是必不可少的。

提高简单枚举归纳推理结论的可靠程度的重要方法，就是要搜集大量的能够证实这一结论的事实材料。事实越多，根据越充分，结论的可靠程度就越高。

例如，在19世纪，人们注意到铜、铁、锡、铅等一些金属能导电，而在实践中又未发现不导电的金属，于是，人们便得出了结论：所有金属都能导电。这一结论就是用简单枚举法推出的。

简单枚举归纳推理得出的结论具有或然性。因此，在应用简单枚举法时，要注意寻找反面事例。如果发现有与所得结论相矛盾的事例，结论就要被推翻。例如，在很长一段时间里，人们看到的天鹅是白色的，鱼是用鳃呼吸的，金属是沉于水的，于是通过简单枚举归纳推理得出结论："所有天鹅都是白色的""鱼都是用鳃呼吸的""金属都沉于水"。后来，人们在澳洲发现了黑色的天鹅，在南美发现了不用鳃呼吸的肺鱼，在科学实验中发现了不沉于水的金属（钠、锂），因而，上述结论就被否定了。

训练3：科学归纳推理

科学归纳推理，又叫科学归纳法。它是通过考察某类事物中的部分对象，并掌握对象和某种属性的必然联系，特别是事物之间的因果联系，从而概括出关于该类事物一般性结论的不完全归纳推理。

金鸡纳霜的发明就是科学归纳推理的结果。

当年在厄瓜多尔居住的印第安人中流行一种叫疟疾的急性传染病。患者感觉一阵冷、一阵热，热后大量出汗，头痛、口渴，全身无力。当时无药可用。有一天，一位患者在路上发病，因为口渴难耐，便爬到一个死水坑边喝了那里的水，结果染病奇迹般地好了。于是他把经历告诉别人，其他患者也都去那里喝水，患者的病也纷纷好了。后来经科学家考察发现，那水坑的水中含有奎宁。原来在那水坑边上长有金鸡纳树，有的树倾覆在水坑里，树皮里含的奎宁溶解在水中了。正是这奎宁杀死了患者体内的疟原虫，治好了他们的病。明白了这一科学道理之后，科学家们便发明了治疗疟疾的特效药奎宁，将其命名为金鸡纳霜。

科学归纳推理是在简单枚举归纳推理的基础上发展起来的。简单枚举归纳推理是知其然不知其所以然，而科学归纳推理是既知其然又知其所以然。因而科学归纳推理比简单枚举归纳推理的可靠性大一些。

科学归纳推理是以发现客观事物间的必然联系为依据的。因果联系是客观世界普遍联系的一种重要形式，因而，在进行科学归纳推理时，常常要通过确定事物或现象间的因果联系来实现。

应用：归纳推理可应用于各个领域

英国哲学家弗兰西斯·培根对归纳方法进行概括和总结，强调经验在认识中的作用。他撰写了《新工具》一书，认为科学的发展在于通过归纳推理的方法在技术知识、实验科学中寻找新的原理、新的操作程序和新的事实，强调归纳推理方法几乎在各个领域中都是可用的：

其一，在度量圆周角的过程中，为了发现或证明其中的定理，我们先考虑：按照圆心与圆周角的边的位置关系存在几种可能的特殊情形，看到有3种特殊情形几乎包括所有可能的情形，而在这3种特殊的情形中，都确立了相同的规律性，即“一切圆周角都等于它所对的弧的一半”。那么，我们就可以用圆周角所对的弧的一半来度量圆周角了。

其二，几何证明题很难能考察思考的严谨性，比如：有这样一道题，求凸n边形的内角和I（$n \geqslant 3$）。

“凸n边形”是个抽象的东西，它的内角和是多少，很难一下子就想出来。这时我们可对n取一特殊值，即从对一些特殊的多边形的研究来发现一般规律。先将n分别等于3、4、5等来研究，如果还看不出规律，就再多取n个值。

（1）当$n=3$时，$I^3=180°$。

（2）当$n=4$时，由于三角形的内角和已经知道，所以容易想到把凸多边形分割为三角形来解决。我们可以在凸四边形中引一条对角线把凸四边形分成两个三角形。

这两个三角形的总和恰为原凸四边形的内角和，所以$I^4=2\times180°$。

（3）当$n=5$时，同理可证。

（4）我们可以接着证明$n=6$，7，8，最后可以得出结论$I^n=(n-2)180°$。

这类归纳的具体思路是：当我们遇到一个抽象（通常与n有关）的一般问题时，我们要设法把问题具体化，也就是特殊化，通过几个特殊问题的解决，归纳出解此类题的一般规律。

其三，请看如下一则广告："抗菌剂能杀菌。细菌滋生于口腔中的食物残垢，造成口臭。请用抗菌漱口剂，它能使你的呼吸更清新。"看起来，这则广告是符合逻辑，无懈可击的。但实际上，仔细一思考，它却有问题。因为它舍去了抗菌剂发生作用的有关条件和属性。比如，对量的属性，它就未作周全的考虑。抗菌剂一进入口腔就会迅速稀释，最多不过是只有一分钟的杀菌作用。随着它被排出口腔，其杀菌功效也就消失了。而细菌的繁殖却非常快，不一会儿就会又充满整个口腔了。实际上，实验室试管中抗菌剂的浓度，与漱口剂在口腔中可达到的浓度是极不相同的。但类似广告在我们的生活中随处可见，而人们对它也习以为常，不认为它有什么错误。

（1）miscalculate 算错

misunderstanding 误解

misleading 误导

misdescription 错误报道

misread 读错

mistake 弄错

mistaught 教错

misrepresent 误传

mis 是什么意思？答：（错误）

（2）一位老师傅带着两个徒弟，他想考考他们，看看谁更聪明一些。他把两个徒弟叫到面前说：“给你俩每人一笸箩花生去剥皮，看看每一粒花生仁是不是都有粉衣包着，看谁能先回答我的问题。”

大徒弟一听，端起笸箩就快步流星地往家跑，到家饭也没顾不得吃，连忙剥起来，急得出了一身汗。

二徒弟却不慌不忙地端着笸箩走回家去，他先对着花生端详了一阵，思索了一下，然后把肥的、瘦的、熟的、生的，以及一个仁的、两个仁的、三个仁的，依照抽样逐一检查，发现都有粉衣包着。他想：“不用全剥了，我都知道了。”

大徒弟从早晨一直剥到傍晚，才把一笸箩花生剥完。他急忙去向师傅报告。到那里一看，师弟早已等候在那里了。

师傅见两个徒弟都来了，就说：“二徒弟先到的，先回答我的问题吧！”

二徒弟回答说：“我剥了几粒花生，就知道所有的花生仁都有粉衣包着。”

大徒弟听了，恍然大悟地说：“还是师弟比我聪明呀。”

请问：这两个徒弟各用什么思考方法获得结论的呢？

答案：

在上述练习中，大徒弟使用的是完全归纳推理，他剥了一笸箩里的每一颗花生，才得出“所有花生仁都有粉衣包着”的结论，二徒弟用的是不完全归纳推理中的科学归纳推理，他只剥了抽样中有代表性的一小部分花生就得出了同样的结论。

第九章

演绎思考法：破旧立新演神奇

魔法思考题

超市里新进100千克葡萄，经测定葡萄中的含水量为99%。过了一些时候，又重新测定一次，发现含水量已降低为98%。葡萄现在还有多重？

原理

演绎思考方法就是从若干已知命题出发，按照命题之间的必然逻辑联系，推导出新命题的思考方法。演绎思考法既可作为探求新知识的工具，使人们能从已有的认识推出新的认识，又可作为论证的手段，使人们能借以证明某个命题或反驳某个命题。演绎思考法是按照命题之间的必然的逻辑联系进行推导的。运用演绎思考法时，必须使结论与其前提之间有必然的逻辑联系，即结论应是其前提的必然结果。

伽利略是先运用演绎推理方法，后用实验方法推翻了亚里士多德关于物体自由落体运动的速度与其重量成正比的“定理”的。他的演绎推理是：假设物体A比B重得多。如果亚里士多德的论断是正确的话，A就应该比B先落地。现在把A与B捆在一起成为物体A＋B。一方面，因A＋B比A重，它应比A先落地；另一方面，由于A比B落得快，B会拖A的“后腿”，因而大大减慢A的下落速度，所以A＋B又应比A后落地。这样便得到了互相矛盾的结论：A＋B既应比A先落地，又应比A后落地。

两千年来的错误论断竟被如此简单的推理所揭露。可见，演绎推理方法有着严密、准确、透彻的功效。

“爬字梯”游戏（WORD LADDER）：组建这样一组单词，其中，后面的每一个都由紧靠其前的一个单词仅改变某一个字母变化而成，而且每一个字母的排列顺序不能改变。如下例，把单词LODE变成另一个意义与之相反的单词FI.D，每次只变换一个字母。

LOSE

LO.E

LI.E

FI.E

FI.D

有一个工厂的存煤发生自燃，引起火灾。煤为什么会自燃？

想想吧，一堆煤自动地燃烧起来是怎么回事？先查查资料……煤是由地质时期的植物埋在地下，受细菌作用而形成泥炭，再在水分减少、压力增大和温度升高的情况下逐渐形成的。也就是说，煤是由有机物组成的……燃烧要有温度和氧气，是煤慢慢氧化积累热量，温度升高，温度达到一定限度时就会自燃！那么怎么预防呢？可以从产生自燃的因果关系出发来考虑预防措施：

（1）煤炭应分开储存，每堆不宜过大。

（2）严格区分煤种存放，根据不同产地、煤种，分别采取措施。

（3）清除煤堆中诸如草包、草席、油棉纱等杂物。

（4）压实煤堆，在煤堆中部设置通风洞，防止温度升高。

（5）加强对煤堆温度的检查。

（6）堆放时间不宜过久。

对这个问题我们可以两方面进行思考：一是从原因到结果；二是从结

果到原因。

为了正确运用这种思考方法，有必要认识和掌握它具有的特点。概括地说，它具有方向性、因果性和有效性。

训练1：演绎推理法的方向性

这种思考方法的最显著的特点就是方向性，即从普遍到特殊。氟利昂制冷剂是广泛应用于电冰箱和空调机的制冷介质，它的发明就是由一般到个别的典型案例。

氟利昂制冷剂是美国人米奇利于1931年发明的，他依据的理论是：凡是无毒的稳定挥发性的化合物，都可以当做制冷剂。于是，米奇利把元素周期表中可以生成稳定性、挥发性的化合物列成一张表，其中有氮、氢、硫等元素的化合物，但通过对照发现，在已用做制冷剂的化合物中，没有氟化物。

这是什么原因呢？是不是因为氟元素有毒，或认为有机氟化物也有毒。米奇利首先合成了二氟二氮甲烷，它的沸点是零下20℃。

经过对老鼠的毒性试验，证明它是无毒的、稳定的、挥发性很强的制冷剂，于是从1931年开始大量生产氟利昂制冷剂。

训练2：演绎推理法的因果性

运用演绎思考方法推理，是建立在前提和结论之间的因果关系上的。

一种称作“铜草”的植物，就是地质学家运用演绎思考方法发现的。他们在勘探时发现，凡是含铜元素丰富的植物，均生长得郁郁葱葱；反之，若铜含量不足，植物则生长不良，叶子细萎，花朵憔悴。于是，地质学家把那些含铜丰富、生长得郁郁葱葱的植物叫做“铜草”，它是铜矿的“指示剂”。

训练3：演绎推理法的有效性

演绎思考方法的有效性，表现在它所推出的结论，是一种必然无误的断定。它所断定的事物情况，并没有超出前提所提供的知识范围。

下面一则趣味数学，正好说明了演绎思考方法推理的有效性。

维纳是20世纪最伟大的数学家之一，他是信息论的先驱，也是控制论的奠基者。他是当之无愧的神童，3岁就能读写，7岁就能阅读并理解但丁和达尔文的著作，14岁大学毕业，18岁获得哈佛大学的科学博士学位。

在授予学位的仪式上，只见他一脸稚气，人们不知道他的年龄，于是有人好奇地问道：“请问先生，今年贵庚？”

维纳十分有趣地回答道：“我今年的岁数的立方是个四位数，它的四次方是六位数，如果把两组数字合起来，正好包含0123456789共10个数字，而且不重不漏。”

言之既出，四座皆惊，大家都被这个趣味的回答吸引住了。“他的年龄到底有多大？”一时，这个问题成了会场上人们议论的中心。

应用：数学家的年龄

这是一个有趣的问题，虽然得出结论并不困难，但是既需要一些数学“灵感”，又需要掌握演绎思考推理的方法。为此，我们可以假定维纳的年龄是从17~22岁，再运用演绎推理方法，看是否符合前提？

请看：17的4次方是83521，是个五位数，而不是六位数，所以小于17的数做底数肯定也不符合前提条件。

这样一来，维纳的年龄只能从18，19，20和21这4个数中去寻找。现将这4个数的4次方的乘积列出于后：104976，130321，160000和194481。在以上的乘积中，虽然都符合六位数的条件，但在19、20、21的4次方的乘积中，都出现了数码的重复现象，所以也不符合前提条件。剩下的唯一数字是18，让我们验证一下，看它是否完全符合维纳提出的条件：

18的三次方是5832（符合4位数），18的四次方是104976（六位

数）。在以上的两组数码中不仅没有重复现象，而且恰好包括了从0到9的10个数字。因此，维纳获得博士学位的时候是18岁。

从以上的介绍，无论是关于煤发生自燃的原因的推理，或是科学发现和发明的诞生，都说明演绎思考方法是一种非常有效的推理方法。因此，我们应该学习、掌握它，并正确地运用它。

四个好朋友在公园里划船。张龙提议做个游戏。他说："你们三个人都面朝船头坐好。林月坐最前面，陈荣坐最后面，田路坐当中。我包里有五块手帕，其中三块是白色的，两块是黑色的。我给你们每人头上放一块手帕，留下两块我藏起来。请你们猜一猜自己头上的手帕是白的，还是黑的？"

说过之后，张龙就给三个人的头上各放一块手帕。陈荣坐在最后面，她能看得见林月和田路头上放的是什么颜色的手帕，唯有林月，除了船头前的水面，什么也看不见。陈荣与田路猜了一会儿，都说猜不着。就在这时候，林月便猜着了。

请想想看，林月是怎样猜出自己头上放的是什么颜色的手帕呢？

答案：

林月猜到自己头上放的是一块白色的手帕。她是这样推论的：

假如"我"头上放的是黑色的手帕，而且田路也是这样，那么陈荣就会很容易地猜到她头上放的是白色的手帕，因为黑色的手帕一共只有两块。

假如“我”头上放的是黑色的手帕，而田路头上放的是白色的手帕，这时，陈荣就确实无法猜到自己头上放的是什么颜色的手帕。但是，陈荣如果猜不出，那么，田路就会猜对了。因为田路就可以这样来推论：前面的林月头上是放的黑色的手帕，如果我头上放的也是一样，那么陈荣就应该马上猜到自己头上放的是白色的手帕，现在陈荣猜不出，肯定我头上放的是白色的手帕。

现在的问题是：后面的田路与陈荣都猜不出，可见，“我”头上放的不可能是黑色的手帕。否则，田路与陈荣准会有一个人能猜着的。换句话说，正因为“我”头上放的是白色的手帕，所以，才使他俩猜不着自己头上放的是什么颜色的手帕呀！

第十章

理性思考法：千头万绪“理”出来

魔法思考题

有一只圆铁桶，里面盛着半桶左右的水。甲说桶里的水多于半桶，乙说桶里的水少于半桶。当时没有任何仪器，如何判断他俩谁说得对？

原理

理性思考就是根据概念对所面临的事物或问题进行推理和判断，概念是大家公认为正确的人或事，多用的方法是找先例。简单地说，理性思考就是遵循原则的理智思维方式。理性思考是人们在解决问题时最常用的方法，它的运用步骤是最直接的思考法。

理性思维是一种对事物或问题进行观察、比较、分析、综合、抽象与概括的一种思维，有明确的思维方向和有充分的思维依据，是一种建立在证据和逻辑推理基础上的思维方式。理性思维是人类思维的高级形式，是人们把握客观事物本质和规律的能力活动，它是以事物的本质规律为思考对象，是对事物的内在联系的观察分析，具有抽象性、间接性、普遍性。理性思维能力是人类区别于动物的各种能力的显著标志。

理性思维是以微观物质思维代理宏观物质思维进行的，它是利用微观物质与宏观物质的对立性的同一来实现对宏观的控制的。同一是目的性的，先是微观物质“主动”与宏观物质加强同一，之后是宏观物质“主动”与微观物质加强同一。前者是微观对宏观的认识，后者是微观目的性的实现。只有微观物质对宏观物质有了正确的认识，才有微观物质利用宏观物质发展的必然来实现对宏观的控制。

理性思维的产生，为物质主体时代的到来，为主体能够快速适应环境，为物质世界的快速发展找到了一条出路。

下面用例子来说明什么是理性思维：

一个人买了一只橘子吃，但是觉得味道不怎么样，没有香甜感，于是就去查找原因，发现只有少数的橘子如自己买的这样，但是并不能这样来将橘子的品质定性。因为：

第一，感性需要理性的分析。

第二，对自己的感知还要能够做恰当的概括和说明。

第三，段落安排上努力体现内容的递进关系。

训练1：提出问题

以提问的方式寻找解决办法：你准备怎样发现问题？你想知道什么？这个困难的本质是什么？对有些人来说，这是整个思考过程中最困难的一部分，他们碰到一种情况，感觉到这种情况是错误的，但他们却不能很明确地提出问题。要知道，在你提出问题之前，你不可能知道你要寻找的是什么解决方法，更不可能解决这个问题。

多提几个“为什么”通常有助于你发现问题的本质，用“什么”和“怎么会”来表达也是很有帮助的。

训练2：分析情况

一旦你找出这个问题后，你就要从所处环境中发现尽可能多的线索。

在分析情况的过程中，你寻找的是具体的信息资料。你不要被一开始就找到问题的解决办法和答案所诱惑而漏掉了别的办法。你应该强迫自己去寻找有关这种情况的所有可能的信息资料，直到你觉得自己已仔细并准确地分析了这种情况之后，再作出判断。

分析情况的过程中，一些有帮助的基本问题是：

（1）在什么地方能找到解决这个问题的信息资料？

（2）有谁能帮助我解答这个问题？

（3）在解答这个问题的过程中已经做了哪些工作？

（4）这些资料对我们有哪些帮助？

（5）现在我有了哪些能帮助我解答这个问题的有关资料？

对于一些问题，一般人都会有许多意见，但这些意见多半都是没有价值的。在没有价值的意见之中，有许多还可能是危险的或是具有破坏性的（尤其当他们和个人进取心发生联系的时候）。

因此，你只能接受那些以事实、正确的假说为基础所提出的意见。报纸、闲聊和谣言，都不是得知事实的可靠媒介，因为它们所传达的消息经常会出现变化，而且也没有经过严格的查证。

曾经流传着这样一个谣言：

在百事可乐的罐子里，发现皮下注射器的注射针，当时在美国有二十几个州都有这样的报道。基于此一“事实”，百事可乐的股价一下子严重下跌，很多投资人都以赔本的价钱抛售百事可乐股票。

但是如果你静下心来思考这个问题，就会不相信这个“事实”，而且会继续买进该公司的股票。最后联邦药物管理局和联邦调查局宣布这些报道完全是恶作剧，就是最好的证明。

那么，在这个事件中谁才是真正的获益者？是那些因为恐慌而赔本卖出股票的人，还是那些经过正确思考后低价买进股票的人？回答当然是后者。

因此，作为一个善于思考的人，你必须仔细调查你所得到的每一项资料，你必须了解你所得到的资料如何被抹黑、修改或夸大，其中总是会有一些事实存在。

你应对于你所得到的资料做一些测验，例如当你读一本书时，你应提出如下的问题：

作者对这本书的主题是否具有公认的权威？

作者除了传达正确的资讯之外，是否还具备其他写这本书的动机？什么样的动机？

作者与本书主题是否有利害关系？

作者是否具有健全判断力或只是个狂热者？

是否有办法调查作者的议论是否属实？

作者的言论是否和常识以及经验相符？

在你接受任何人的言论之前，应该找寻他发表此言论背后的动机。你必须谨慎决定是否应该接受狂热者的言论，因为这种人的情绪很容易失去控制。虽然有些人的动机是值得赞扬的，但值得赞扬的本身并不等于正确。

无论谁企图影响你，你都必须充分发挥你的判断力并小心谨慎。如果言论显得不合理，或者与你的经验不符，就应该做进一步调查。

当你向别人请教事实或请别人作判断时，切勿先告诉他你的答案。因为有些人可能会调整他们原来的言论来配合你所希望的答案。例如不要问：“你认为有没有可能把人送上土星？”或“如何能把人送上土星？”你应该问：“你对于可能把人送上土星一事有何看法？”或最好问：“你对于太空旅行有何看法？”这个例子显得有些荒谬，但是如果你把“土星”改成“月球”的话，就可看到正确思考的力量。

训练3：找出可行的解决办法

一旦你找出了问题，分析了情况之后，你就可以开始寻找解决问题的办法。同样，你也要避免接受那些起初看起来似乎很好的答案。

在这一步骤中是很需要创造性的。除了那些一眼就看出似乎有道理的解决办法之外，还要寻找其他的方法。尤其在采纳现成的方案时要特别留心。如果别人也探讨过同样的问题，而且其解决办法听起来也适合于你的情况时，就要仔细判断一下那种情况与你的情况究竟相同在何处。

但是，不要采用那些还没有在你这种情况下检验过的解决方法。

训练4：检验和证明

很多人到了上一步就停止了，这其实是不完整的，因而也是不科学的。

一旦解决办法找到了，你就要对其进行检验和证明，看看这些办法是否有效，是否能解决提出的问题。在检验之前你不可能知道这些办法是否正确。

在这个全过程中，你所要做的就是寻找这种情况的原因并加以解释，你要回答诸如“为什么”“什么”“怎么会”这类问题。

应用：作为护林员，你该怎么做

下面让我们来看看理性思考的实例。你不要一口气读下去，最好边看边结合上面的思考程序进行练习，得出自己的结论。

一场大火席卷了大片的森林，一个护林员立即组织了一支由27名志愿消防队员组成的消防队。他把这些人分成几个小组，迅速扑火，并给每个小组发了一个报话机。

他宣布：“有一架直升机马上就会在这个地区上空徘徊，如果你遇到险情，就用报话机告诉这架飞机驾驶员，他会把你们救出来。”然后，他对每个小组讲述了这台报话机的用法。

后来，当大火终于扑灭后，有一个小组（其中有3个人）失踪了。通过努力寻找后，在一个山谷里找到了他们被烧焦了的尸体。

由于多方面的原因，如法律责任、保险赔偿、总结教训等，必须要找到他们没有得救的真相和答案。

下面是详细的分析过程，同时设身处地地想一想：

假如你就是这位护林员（救火的组织者和领导者），你将会怎么做？

第一步，提出一些具体问题。

下面是你可能提出的问题：他们是怎么遇难的？为什么这些人没有得救？

第二步，分析情况，针对问题，展开分析。

针对第一个问题，这位护林员至少应提出四个问题来了解这种情况的信息：

是谁、在什么时间、什么地点最后一次看见这些人？

飞机驾驶员是否收到这些人的求救信号？

这个事件是否仅仅是救护计划的失策，或者还是其他方面的失策？有没有一些小的过失？

这次救护计划的失策和过去的情况有没有类似的地方。

下面这些问题在此时提出是不妥当的，因为这些提问都是有关事故发生的原因，应该把这些问题放在后面：

当时这些人是否过于惊慌，竟忘记了报话机的使用方法？

是不是大火把报话机烧坏了？

第三步，找出可行的解决方法。一旦你找出了问题，搜集了所有有关这次事件的资料，你就可以开始查找这些人为什么没有得救的原因了。在护林员得知将来怎样防止类似的事故之前，他必须先找到事故发生的原因。

这位护林员了解到如下情况：

飞机驾驶员说，他没有收到这3个人的呼救信号。

人们最后看见他们的时候，他们正徒步翻越一座小山头，朝着后来发现他们尸体的那个山谷走去。

在这些人尸体的旁边发现了报话机的残骸。

另一组消防队员也被周围的火焰困在一个小土丘上，他们用报话机向飞机驾驶员呼救，结果他们得救了。

除此之外，别的消防队员都没有要求救护。

在另外一场火灾中，有一队消防队员被大火烧死，直升机驾驶员报告说没有收到他们的呼救信号，他们的尸体是在两座山丘之间的一条干涸的小溪中发现的。

下面是有关为什么这些人没能得救的五个可能原因：

这些人不知道怎样合理使用报话机。

飞机驾驶员的确收到了这些人的呼救信号，但他之所以说没有，是因为他想推脱救护工作失败的责任。

这台报话机的信号被两座山谷隔断了，因而驾驶员的接收机收不到信号。

这台报话机由于大火的温度而影响了性能。

这些人过于惊慌，未能利用报话机求救。

第四步，现在你应该思考一下在这些可能的原因中哪个原因最有可能是真实的。

首先，将每一个答案和第二个步骤中找出的资料进行对比，分析案情。而且，还要用简短的方式提出一个方法，来对你所认为是正确的答案进行证实，判断其是否正确。

最有可能性的是第三个："报话机的信号被两座山谷隔断了，因而驾驶员的接收机收不到信号。"这个答案与所有的资料相符：没有收到求救信号，报话机是在这些人的尸体旁发现的，而且之前的另外一起事故，那些人也是处在类似的地带。

提供的其他答案不很准确，其原因如下：

"这些人不懂得怎样合理使用报话机。"尽管这个答案不能完全排除，但看来是不大可能的。在出发前，护林员给这些人讲述过怎样使用报话机的方法。

"飞机驾驶员的确收到了这些人的呼救信号，但他之所以说没有，是因为他想推脱救护工作失败的责任。"没有任何证据能表示驾驶员没有试图救护这些人。

"这台报话机由于大火的温度而影响了性能。"尽管有这种可能性，但看来不像。这种答案又如何解释在类似的自然环境中出现过两次失败的事故呢？

“这些人过于惊慌，未能利用报话机求救。”这纯属推测。从搜集的资料看，并不能指出这一可能是个原因。

最明显的事实就是两起悲剧都发生在一个类似的地带，最明显的答案是第三个。当然，也许第三个也不正确。怎么最后确定呢？那就是证实和核实。

让一个人带着报话机来到这些人遇难的地点，让直升机在这个地带上空盘旋，看看其信号是否被阻隔，或在什么地方被隔断。通过解剖尸体查出死亡时间查出人们最后看见他们的时间，再了解当时驾驶员是否在这个地区。

这样得到的结论，才是最可能、最可靠的结论。这也是理性思考的威力所在。

很多人之所以感到遇事毫无头绪，是因为省略了第一步和第二步，就匆忙进行第三步，而且又往往不进行第四步的缘故。

因此，对方法进行最后的检验和证明是正确解决问题的不可或缺的重要一步。我们不能在找到解决方法之后就欣喜若狂，从而忽略了最后一步，使得“一着不慎，全盘皆输”。

三个人去投宿……服务生说要30元……

每个人各出了10元，凑成30元……

后来老板说今天特价，只要25元……

于是叫服务生把退的5元拿来还给他们……

服务生想自己暗藏2元钱起来……

于是就把剩下的3元还给他们……

那三个人每人拿回1元……，10－1＝9表示只出了9元投宿……

9 × 3＋服务生的2元＝29元

那剩下的1元呢？

答案：

三个人开始拿出30元钱，服务生还给他们3元，所以拿出27元。老板得到25元，服务生得到2元。可以用下面的等式表示：25元（老板得到）＋2（服务生得到）＋3元（找回）＝30元。

第十一章

直觉思考法：感觉靠谱不靠谱

魔法思考题

有一位旅行者，从甲地前往乙地。当他走到三岔路口，发现原来画着甲、乙、丙三地的指路牌被大风刮倒了，躺在路边。请问旅行者该如何才能找到通向乙地的路？

原理

直觉是千百年来人们一直关注、研究的一个悬而未决的思考形式。由于它在人类的各种实践活动中大量存在，并发生着不可忽视的诸多作用，因而引起了人们愈来愈大的研究兴趣。

阿基米德发现浮力原理的故事，一直是人们津津乐道和加以引证的例子。当希腊王叫阿基米德想出一个办法来检验金王冠是否为纯金所制，有无可能掺假时，这位“古代世界的第一位也是最伟大的近代物理学家”为此颇费心机地考虑了多日，仍毫无结果。一次，他在桶中洗澡时，发现他所排出的水在体积上与他的身体相等。霎时，一道思考的光芒在他脑际划过：纯金王冠比金银合金王冠排出的水要轻，同样重量的合金体积要比同样重量的纯金体积大，因而会排开更多的水。想到这里，阿基米德不顾一切地光着身子冲到大街上，发狂地喊叫道：“我找到了！我找到了！”就这样，在经过长时间潜心思索、研究之后，由于受到浴桶中水溢出来的启发，阿基米德获得了一种“直觉的顿悟”，并由此创立了表示物体在水中所受浮力大小与物体排水的重量关系的阿基米德原理。阿基米德的顿悟（直觉）思考，也就成了脍炙人口的典故。

所谓直觉思考，是一种非逻辑抽象思考的跳跃式的思考形式，它是根据对事物的生动知觉印象，直接把握事物的本质和规律，是一种浓缩的高度省略和减缩了的思考。直觉思考常常表现了人的领悟力和创造力。直觉一般表现在艺术创造和科学研究过程中，经过长期的思索，猛然觉察出事物的本来意义，使问题得到突然的醒悟，进入一种走出混沌的清晰状态，就如古诗词中所描绘的那样："众里寻他千百度，蓦然回首，那人却在灯火阑珊处。"

所以，直觉思考是创造性思考的重要组成部分，在我们的生活、学习，特别是科学研究中，具有不可忽视的重要意义。对此，爱因斯坦特别指出："物理学家的最高使命，是要得到那些普遍的基本定律，由此，世界体系就能用单纯的演绎法建立起来。要通向这些定律，并没有逻辑的道路，只有通过那种以对经验的共鸣的理解为依据的直觉，才能得到这些定律。"前苏联科学史专家凯德洛夫则更为直接地论述道："没有任何一个创造性行为能够脱离直觉活动。""直觉，直觉醒悟是创造性思考的一个重要组成部分。"这些，均指出了直觉思考在整个人类思考活动中的重要作用。

下面简单介绍两种直觉型思考训练方法。

训练1：暴风骤雨式联想训练法

所谓暴风骤雨式联想法，就是指主体在思考问题时，以一种极其快速的联想方式进行思考，并从中引出新颖而具有某种价值的观念、信息或材料。在进行上述思考活动时，只要求主体思考飞快运转，将涌现出来的任何信息不评价其好坏优劣，一律即刻记录下来，等联想结束之后，再来逐一评判其价值，寻找出最优答案。

暴风骤雨式联想是由美国学者提出的，他们认为“智力的相乘作用和它的开放才是快速思考的最重要之点”。开始，只是为了比较一下集体工作和单独工作在思考效率上的差别。后来，美国几所大学将这种思考技巧用于培养和训练学生的创造性思考，并进行了一系列的实验研究。结果表明，这种技巧在训练人的思考方面具有一定的作用。

20世纪60年代，马尔茨曼就用这种技巧来训练大学生。训练一段时间后，再用“多方应用测验”（即对某一种物体的用途除了普遍的习惯性用法外，还要讲出在其他方面的可能用途）来测量其对大学生思考发展的影响。结果表明，受过上述技巧训练的学生，比没有受过训练的学生，其创造性思考有长足的进步。

在实验中，马尔茨曼列出若干词语，像“墨水”“白纸”“钢笔”“铁锤”等。他让每个词语出现好几遍，每次出现，均要求学生对同一词语作出不同的快速联想，并将联想结果快速记录下来，以评判其思考的敏捷度，广阔度和有效度。学生通过这种训练，思考能力有了明显的发展和提高。

下边就是一个大学生对“天空”一词出现五次而作出的五种不同的快速联想。

急骤联想反应表

	刺激词“天空”	联想反应
次数	1	蔚蓝色的天空、白云，非常美丽。
	2	航空交通，十分发达。
	3	天空中星球多，可设法到星球上去。
	4	航天飞机往来，可以探测星球上的宝藏。
	5	太阳的热力，是宇宙间无限的能源……

训练2：笛卡尔连接法式训练法

笛卡尔连接法的原意是指用抽象的几何图形来说明代数方程，尽可能采用“智力图像”来解决问题。“智力图像”即指存在于人的思考中的某种思考模型。这种思考模型是通过某种图像或图形符号来显示的。比如说，类似于物理模型、几何模型等。然后，我们尽可能采用这种图像模型来进行思考。

举例来说，我们如果看到鸡蛋，脑子里就会浮现起一个椭圆的图形，如果$a=b$，便出现一个圆的图形。这种思考过程便称为“笛卡尔连接”。说通俗点，就是指我们在思考时，将抽象的概念、原理、关系等，用生动具体的图像模型加以展示，并进行相关分析、处理，这种思考技巧便是“笛卡尔连接法”。

笛卡尔连接法在解析几何时代以及相对论时代曾发挥过巨大的作用，时至今天，这种思考技巧更成为时代前进的一把开山利斧。为此，萨根在《伊甸园的飞龙》一书中曾指出，在古代科学中，“一系列学说或自相矛盾发生冲突、或相互无制约无影响”，在这种情况下，人脑“左半球总是与右半球的观点相对，这就使外观上互不关联或者观点截然相反的笛卡尔连接法再度成为迫切需要”。在科学高度发达的现代，运用笛卡尔连接法这种思考技巧来进行科学创造，已成为一种必须。

杨振宁博士1980年回国讲学过程中，曾举例说明笛卡尔连接法的重要作用，论及了“物理原理几何化”的重要意义。他举例说道，麦克斯韦就是用数学方程表示了法拉第关于磁力线的几何想法，而爱因斯坦也在许多文章中讲到了物理原理几何化的问题。爱因斯坦把电磁场看作空间结构实际上就是把它看成几何结构。从广义上讲，这种将引力看作几何，将物理原理看做几何，正是笛卡尔连接这种思考技巧的直接应用。

“一个强有力的思考方法是根据信息和知觉创作一幅图，然后就这幅图找出你的办法。”所以，我们将笛卡尔连接法移植到思考领域中，这是一种具有广阔意义或实用价值的思考技巧。换言之，在直觉思考中，我们可采用各种智力因素，包括物理、几何，或者其他各种各样的具体、生动、鲜明的图像，来取代数码或语言进行思考。这对于我们进行高效率的思考是大有裨益的。

应用：苯环结构式的发现

凯库勒在梦中发现苯环结构式，一直是人们津津乐道用于作为直觉思

考成功的典型例子。不可否认，实践经验对凯库勒的发现是必不可少的基础，前人的积累也是其发现不可少的条件，但其中必要的思考推动力也是不能缺少的。

为什么凯库勒会发现苯环结构是蛇状环形的呢？有资料介绍，凯库勒年轻时，曾做过审讯炼金术士的法庭陪审员。在法庭上，他不止一次地目睹过作为物证出现的炼金术的象征物——首尾相接的蛇状手镯（这一图像深深地印在他脑海里）。更有趣的是，他做梦发现苯环结构的那天晚上，曾经给准备出席晚会的夫人戴过项链（也是环形的），搞了很久才把它戴上（又一图像鲜明地印在他的脑海里）。再加之，那天深夜，他在壁炉边打瞌睡，炉子里即将熄灭的柴火，冒出点点火星（多么像蛇的眼睛在黑暗中一眨一眨地闪光）。这些外界条件（图像），与他沉思了多年的苯环结构在梦中产生了“连接”，“原子在我眼前飞动，长长的队伍，变化多端，靠近了，连接起来了，一个个扭动着，回转着，像蛇一样。看，那是什么？一条蛇咬住了自己的尾巴，在我眼前轻蔑地旋转，我如从电击中惊醒，那晚我为这个假说的结果工作了整夜”。于是才有了关于苯环结构图式的诞生。

凯库勒正是（自觉或不自觉地）运用了笛卡尔连接这种思考技巧，将苯环结构这种抽象理论用蛇状环形这种具体图像展示出来，并获得了具有科学意义的发现。

如果纯粹从思考技巧的角度考察，我们可以发现笛卡尔连接法在其中的不可忽视的作用。可见，直觉型思考技巧在我们的思考活动（特别是创造性思考活动）中，有着很重要的作用，为此，我们应当加强直觉型思考技巧的训练和培养。

同时需要指出的是，直觉型思考技巧还是有其局限性的。表现在：

（1）它容易局限在狭窄的观察范围内，导致不一定科学的判断。即使是一些经验丰富的研究者、心理学家、医生等，在凭自己的经验或所掌握的数据，靠直觉提出假说、做出结论等，也会出现偏差或误判。

（2）直觉还常常会使人将两个风马牛不相及的事件纳入虚假的联系之中。而这种联系带有很强烈的主观色彩和心理、情绪因素。有时，这会导致凭直觉将不相干的事件联系起来而作出误判。

所以，在应用直觉型思考技巧时，还必须结合其他类型的思考技巧的优点，这样才能得出完整、科学的结论。

非常测试：你是一个直觉感很强的人吗

直觉的存在，往往对问题的解决带来惊人的效益。古今中外，许多重大的创造发明活动过程中，都有科学家直觉的参与。在日常生活和工作中，如果没有直觉思考，人就会表现出优柔寡断。在学习过程中，有时别出心裁地“应急”性回答，有时突然“悟”出一个道理、一种解法，有时在脑海中出现一个新奇景象等，均是直觉思考活动的反映。那么，你想知道自己的直觉究竟怎样吗？回答下面的问题，便可了解。

（1）你有没有预感要发生什么事在自己身上或朋友身上，结果真的发生了呢？

（2）你有没有注意到作某个决定，觉得胃里有反应或者哪里不舒服呢？

（3）你有没有极力反对一个提议，因为你知道根本就没有必要？

（4）你有没有靠突然的灵感解决了问题的经历？

（5）你是否看重你给人的第一印象？

（6）电话铃响起的时候，你是不是已经感觉到了是谁打过来的？

（7）你有没有仅仅为参加一个聚会就心血来潮买了一套衣服？

（8）你有没有在梦境中找到过解决问题的方法？

（9）你有没有对一个陌生人有过似曾相识的感觉？

（10）有没有人找你去调解纠纷，因为你总能全面看待问题？

（11）你有没有在脑子里闪过这样的画面——一个竖起的大拇指或一张笑脸，鼓励你去作某一个决定？

（12）当寻找放错了地方的东西时，你闭上眼睛是不是可以把它回忆起来？

如果你的回答有8个或8个以上“不是”那么你的直觉感就不强，容易忽视那些看似没有逻辑的信息。

如果你的回答有5～7个“不是”，那么你的直觉能力并不稳定。你具备了用直觉感知事物的能力，但你的潜意识却十分不信任它。你还不能凭直觉作出决策。

如果你的回答有4个或少于4个“不是”，那么你是个高度直觉的人。你常常有第六感，相信直觉和顿悟的存在，但不要过分依赖直觉。

练习

小石对她的爸爸说："有两个家庭，家人都在身边，爸爸可以马上面对每个家人，但是家人之间却很难面面相对。"这到底是什么样的家庭？

答案：

她说的是两只手的十根手指头。拇指（爸爸）可以和其他手指面对面，其他手指之间却很难面对面。

第十二章

类比思考法：分类比较事了然

魔法思考题

某马戏团经过训练的一只狗和一只猫在进行跳跃比赛。要求它们各跳100尺后再返回到出发点。狗跳一次为3尺，猫跳一次只有2尺，但狗跳2次的时间猫能跳3次。狗和猫谁将先返回出发点？

原理

类比思考法就是根据两个对象在一系列属性上相同或相似，由其中一个对象具有某种其他属性，推测另一个对象也具有这种属性的思考方法。

运用类比法得到的结论具有或然性，不能确保正确无误。为了使结论有较高的可靠性，在运用类比法时，进行类比的两个对象应具有较多的共同属性，它们的共同属性与被推断的属性之间应有较密切的联系。

类比法比较自由、灵活、多样，富有启发意义，对人们认识问题、思考问题，特别是创造性地解决问题有着明显的积极作用。天文学家开普勒称类比为“自然奥秘的参与者”，是他最好的老师。类比方法有时把一个情景的关系转移到另一个更容易掌握的情景上。这样抽象的情景可以转变成具体的类比情景。这样做有两种意义：

第一，对原情景观察方法的限制没有转移到类比的情景，类比的情景能更容易改变。

第二，类比通常利用具体的形象，它们又暗示出其他具体的形象，这比抽象观念暗示其他观念要容易。

类比发明法，可根据不同的类比形式进行训练。

训练1：直接类比法

近代发明家贝尔把人的耳骨的薄膜与电话膜片直接类比，发明了电话机。他不无自豪地想起自己是如何应用类比思考技巧而获得成功的。他说："我注意到，与控制耳骨的灵敏的薄膜相比，人的耳骨的确很大。这使我想到，如果一种薄膜也是这样灵敏以致能够摇动几倍于它的很大骨状物。这就是较厚而又粗糙的膜片不能使我的钢片振动的原因。电话就这样被构想出来了。"

例如：利用石头刃→石刀、石斧。

鱼骨→针。

茅草边→齿锯。

照相照出照片→电影。

鱼游→潜水艇。

原子裂变原子弹→原子能电站。

蛋薄壳→仿蛋屋顶。

大规模集成电路技术→微型计算机。

收音机→录音机→收录机。

太阳能电池→太阳能发电站→太阳能收音机→太阳能手表→太阳能计算器→太阳能自行车→太阳能汽车。

树叶的结构→伞。

梳子垫在剪子下剪头发→安全剃须刀。

机械电子技术化→机械电子技术的应用。

民生器具：价廉、省能、小型。

工厂自动化：自动、省力、计算机辅助设计生产等。

医疗器械：医用电子学。

电力设备：省能、省力、设备异常诊断，巡视机器人。

飞机：超高速具有安全性能等。

船舶：节能、省力、排气净化。

汽车：节能、排气、净化等。

农业：耕作机械的电子计算机化。

海洋开发：使用海底机器人等。

宇宙开发：新材料的开发等。

训练2：间接类比法

间接类比法就是用非同一类产品类比产生创造。在现实生活中，有些创造缺乏可以比较的同类对象，这就可以运用间接类比法。

如空气中存在的负离子，可以使人延年益寿、消除疲劳，还可辅助治疗哮喘、支气管炎、高血压、心血管病等，但负离子只有在高山、森林、海滩湖畔处较多。后来通过间接类比法创造了水冲击法产生负离子，后吸

取冲击原理又成功创造了电子冲击法，这就是现在市场上销售的空气负离子发生器。

采用间接类比法可以扩大类比范围，使许多非同一性、非同类的行业也可由此得到启发，开拓新的领域。

训练3：幻想类比法

发明者在发明创造中，通过幻想类比法进行一步步的分析，从中找出合理的部分，从而逐步达到发明创造的目的，设计出新的技术成果，这就叫做幻想类比法。

1834年，英国发明家巴贝治绘制出通用数字计算机图样。1942年，美国的阿塔纳索夫教授和他的学生贝利，运用幻想类比法发明设计出电脑，并制成了阿塔纳索夫-贝利计算机（世界上第一台电脑）。

训练4：因果类比法

因果类比法是指两个事物的各个属性之间可能存在着同一因果关系，因此，我们可以根据其因果关系推出另一事物的因果关系，这种类比法就是因果类比法。

例如，在合成树脂（塑料）中加入发泡剂，使合成树脂中布满无数微小的孔洞，这样的泡沫塑料既省料，重量又轻，并有良好的隔热和隔音性能。

日本一个叫铃木的人运用因果类比法，联想到在水泥中加入一种发泡剂，使水泥也变得既轻又具有隔热和隔音的性能，结果发明了一种气泡混凝土。

训练5：仿生类比法

模仿生物的结构和功能等搞出新的发明项目，这就叫做仿生类比法。

例如，人走路→步行机，人体→机器人，人眼→人造眼，蛙眼→电子蛙眼，鹰眼→电子鹰眼，蜻蜓眼和苍蝇眼→复眼照相机，手臂→新式掘土机。

中国西汉将领陈平在2000年前，运用仿生类比法发明设计出古代机器人。

1962年，美国一家公司制造并售出了世界上首批工业用机器人。

中国江西省南昌市三中学生熊杰，运用仿生类比法发明设计了管内机械手，荣获了第三届中国青少年发明一等奖。

训练6：综摄类比法

借助于分析法将陌生变为熟悉，再通过类比、象征、比喻等方法进行综合类比、进行发明创造的方法，就叫做综摄类比法。

美国创造学家威廉·戈顿发现创造性思考明显地分为两个阶段：变陌生为熟悉的阶段和变熟悉为陌生的阶段。这两个阶段确实有不同的思考特点，在创造性过程中有不同的作用。

变陌生为熟悉是第一阶段。这个阶段主要用分析的方法了解问题、查明问题的主要方面以及各个细节。人的机体本质上是保守的，它排斥任何陌生的东西。思考也一样，当人们遇到陌生的事物时，总是设法把它纳入一个可以接受的模式中，通过把陌生的事物和熟悉事物联系起来，把陌生的转换成熟悉的。没有这个思考过程，人们很难真正了解要解决的陌生问题。

应用：从平流层气球到海洋深潜器

类比法可广泛运用于日常认识和科学研究。它对于探求新知识，进行发明创造，都有重要作用。科学史上的许多重大发现、发明都曾借助于类比法。类比法也可运用于论证，但只能作为一种辅助手段。

类比法，在人们的日常生活中也常常运用。比如，为了买一样称心如意的商品，常要跑几个商店，从商品的价格、功能状况、使用价值和经久耐用的程度等方面进行比较，然后确定是否买下。但这不是类比发明，因为他没有创造，只是在同类产品中挑选好一点的，与我们讲的类比发明法是不同的，这里要求的是在类比中有新的发现。

瑞士著名的科学家阿·皮卡尔就运用类比发明法创造了世界上第一只自由行动的深潜器。皮卡尔是位研究大气平流层的专家，他曾设计平流层气球，飞到15690米的高空。后来他又把兴趣转到了海洋，研究海洋深潜器。尽管海和天是两个完全不同的领域，但水和空气都是流体，因此，皮卡尔在研究海洋深潜器时，首先就想到利用平流层气球的原理来改进深潜器。

在这以前的深潜器，既不能自行浮出水面又不能在海底自由行动，而且还要靠钢缆吊入水中。这样，潜水深度将受钢缆强度的限制——钢缆越长，自身重量就越大，也就容易断裂，所以过去的深潜器一直无法突破2000米大关。

皮卡尔由平流层气球联想到海洋深潜器。平流层气球由两部分组成：充满比空气轻的气体的气球和吊在气球下面的载人舱。利用气球的浮力，使载人舱升上高空，如果在深潜器上加一只浮筒，不也就像“气球”一样可以在海水中自行上浮了吗？皮卡尔和他的儿子小皮卡尔设计了一只由钢制潜水球和外形像船一样的浮筒组成的深潜器，在浮筒中充满密度比海水轻的汽油，为深潜器提供浮力，同时，又在潜水球中放入铁砂作为压舱物，使深潜器沉入海底。如果深潜器要浮上来，只要将压舱的铁砂抛入海中，就可借助浮筒的浮力升至海面，再配上动力，深潜器就可以在任何深度的海洋中自由行动了，也就不需要拖上一根钢缆了。第一次试验，就下潜到1380米深的海底，后来又下潜到4042米深的海底。皮卡尔父子设计的另一艘深潜器“理雅斯特号”下潜到7000米世界上最深的洋底，成为世界上潜得最深的深潜器，皮卡尔父子也因此获得了“上天入海的科学家”的美名。

（1）据传苏东坡在当翰林学士的时候，经常与佛印禅师交往。有一次，他来到大相轩寺，与佛印品茶。席间，苏东坡颇为心烦地谈及自己近日来诗思退竭，没有了舞文弄墨的意趣，不知为何缘由，请佛印大师指点迷津。大师含笑不语，只顾给东坡斟茶。但见茶杯已满，茶水外溢。东坡欲止，但见大师还在一个劲儿地往茶杯中倒，而且面含神秘之情。东坡见之，恍然大悟，谢过大师，乘兴归去。不久，佳篇迭出，新诗泉涌，一发不可收拾。怎么回事？

（2）用什么办法测量灯泡的体积？

（3）用什么简便的办法称出空气的质量？

答案：

（1）原来，佛印斟茶之举，是在向东坡暗示：“文思枯竭，缺乏新意，是因为茶杯中盛满了旧茶，新茶进不去，所以，该换换角度，换换环境，换换思路了。”东坡领悟了此意，攻读各类经典，摒旧知，易新知，走上了创作的又一高峰。

（2）在一个有刻度的量杯或量筒里装一定体积的水，记下读数，然后慢慢地把灯泡按下去，等灯泡恰好完全浸入时记下读数，两次的读数差即为灯泡的体积。

（3）取一个吹鼓的气球放在天平的一端，另一端放上硅码使之平衡。然后将气球内的气放掉，随着气球内的空气排出，天平失去平衡，必须减少砝码才能使天平平衡，那么减下去的砝码的质量就等于气球中排出的空气的质量。

第十三章

博弈思考法：一博一弈定输赢

魔法思考题

三只母虎带着各自的孩子——三只小老虎，准备到大河对岸寻食。河上只有一条小船，船上最多只能载两只虎，必须分批渡河，而且至少得有一只虎来回送船；渡河时，小虎必须保证不离开自己的母亲，否则就会被其他母虎伤害。六只老虎怎样才能安全地渡河？

原理

博弈思想最早产生于古代的军事活动和游戏活动中。在体育游戏中，经常会出现这种情况，即甲、乙双方各出三个人进行摔跤比赛。

甲、乙双方的领头人不是让自己的队员随意地同对方某一队员较量，而是先了解清楚对方三名成员的实力，并把对方三名成员的实力同己方成员的实力作客观对比，然后作出决定：

谁打头阵，谁在中间，谁压轴，以自己的最弱者去对付对方的最强者，以自己的最强者对付对方的次强者，以自己的次强者对付对方的最弱者，保证二比一稳赢对方。

博弈中，双方各自希望获胜，都在进行数学推算和心理揣摩。有时，推测正确，赢得胜利；有时推测错误，就会失败。所以，博弈不是单方面的想法和行动，而是对立双方之间的互动，是双方各自作出科学、巧妙策略或对策的数学推演。

博弈方法是一套较为复杂的方法，是经过多种选择后作出决定的方法。它的选择过程大致分三步进行。

训练1：诊断问题所在，确定目标

诊断问题所在，这是任何科学思考方法的实际操作的前提。正如一位医生给病人看病，必先诊断一番，确定病因，才能对症下药。不知问题所在，不知行动的目标为何物，一切思考和行动都将是盲目的。目标明确，行动才能有成效。

在第二次世界大战期间，美国的军需部门用船只把大量作战物资运往欧洲前线，可途中经常遭到德国飞机与潜艇的袭击，损失很大。后来，美国为此建立了一个防空防潜的防卫网。建网之后，有人认为这个网失败了，因统计数字表明建网后并没有比建网前多击毁德国飞机和潜艇，他们把建网的目标看做击毁德国飞机与潜艇。然而，有人持另一种观点，认为建立防卫网的目标是为了使运往前线的物资免遭德国袭击，把损失减少到最小限度。因此，除了用做防卫的军事设施之外，他们采用了一些运筹学的方法，较成功地躲开了德国飞机与潜艇，使运往前线的物资基本上安全抵达。后来的统计数字也证明了这一点。此例说明，只有明确了建网目标，才能正确地发挥防卫网的作用；否则，把防卫网的作用看做是为了多击毁德国的几架飞机或几艘潜艇，必然导致前线物资的中断。

目标不明确或行动中途为了一些小事情而忽略了目标，情况就会变得非常糟糕。

温德尔·威尔基曾于1940年与富兰克林·罗斯福对垒，参加总统角逐。威尔基极富感召力，机智、勇敢，竞选能力强，对手罗斯福又有一个不利因素——美国有总统不能连任三届的传统。威尔基白天乘着火车在一个个小站向数千群众发表动人的讲话，每次都有几百人听得心悦诚服，过来同他握手。然而，到一天结束时，他已疲惫不堪，声音全哑了。当他在竞选临近结束时上电台向千百万人发表讲话时，只能嗓子嘎嘎地断断续续吐出一些字句。这就是说，威尔基高兴之时忘记了自己的目标是竞选总统，是向全美人民发表讲话，而不仅仅是向有限的人民讲话，不仅仅是取得有限人的支持和高兴。所以，他失败了。

因此，目标必须明确，并时时提醒自己不要偏离目标，一切行为都为目标服务。

训练2：探索和拟订各种可能的备选方案

目标明确之后，就要围绕目标寻找各种可能的方案并尽可能安全，因为每一种可能的方案都有可能成为最后的决策。众多的备选方案是针对实际行为中可能出现的情况而制订的，在进行对比分析、组合、概率分析以及心理分析之后，方可选中某一方案作为最后方案。

在对待复杂事物时，要想使可能方案完备不太可能，使最后方案达到最理想状态也不太可能。就像一个人，按医学的要求，他身上的各类元素达到一定的量才最理想、最健康，这种人在现实中是不存在的，只可能存

在于温室中。因为，一旦现实的人身上的各类要素均达到医学中最理想标准，他就不是一个现实的人而是各类要素的堆积。但是，全面性的要求和努力可以防止下列两种倾向。

1.避免以偏概全、以次充好

我们虽然达不到理想状态，但向理想状态的努力可以得到令我们最为满意的结果。比如，我们在某任务中确定了理想方案，但在执行时可能出现偏差，可能因为某一方的整体中各个个体的实力都不如对方而失败。但是，如果真是这样，失败的一方也较为满足，因为它选择了最好的方案，也执行了最好方案。

2.好坏只一种选择

只给一种方案不进行选择，即认为事物的实行方案只有一种，没有其他。只有一种方案就可免除决策选择的痛苦，但是国外有一条管理人员都非常熟悉的格言：如果看来似乎只有一条路可走，那么这条路很可能是不通的。

在博弈中，任何一次的成败得失都关系到参加博弈的双方，双方的任何一个小的变动都可能引起结局的变更，因而，让一方没有选择，无异于让此方去牺牲、去失败、去成全对方。

训练3：从各种备选方案中选出最合适的方案

这一点与第二条相联系。拟订出尽可能周全的方案不是问题的结束，而是为了从中选出最为合适的方案。从另一个角度讲，各种备选方案并非都是可实行的方案，哪一个预选方案可以实行就依赖于对预选方案进行价值分析、效益分析、可行性分析、风险度（可靠性和可信度）分析等。只有通过这样的分析，方可判断出诸方案的优劣好坏来。当然，判断的标准不一样，也会得出不同的结论。

选择方案的具体方法有以下几个。

1.经验判断法

它通过对各种预选方案进行直观的比较，按一定的价值标准从优到劣进行排列，对全部方案筛选一遍，把达不到标准的方案淘汰掉，逐渐缩小选择的范围，最后确定出最合适的方案。这类方法需要充分运用类比、归纳等传统逻辑方法，在情况较为复杂时，往往还需要用系统思考的方法，从全局和整体着眼来决定方案的取舍。

2.思考的“求同”和“求异”方法

所谓思考的求异活动，就是要比较和看出诸方案的差异，要求自己和鼓励别人从不同角度、不同要求、不同场合、不同结果对已制订的方案提出不同的看法，以“兼听则明”的态度从各种不同的意见中吸取可取之处，并利用不同的意见启发自己更加深入地思考，从中往往又可能产生出决策的另一方案，以此保证方案的科学性、可靠性和严密性。这种选择方案的过程又称“逆向决策”或“反向决策”。

所谓思考的求同活动，就是要利用相同的标准和准则，对诸方案从战略到战术、从客观到主观、从宏观到微观、从全局到局部、从目标到方法、从经济价值到社会效果和人文价值等方面进行全面的比较与周密的论

证，经过同样的标准进行权衡利弊、综合分析之后，作出最后取舍。

3.数学的方法与定量思考的方法

上述几种方法只适用于我们日常思考和行为中。在对复杂事物如气象预测、军事国防、海洋捕鱼、经济竞争、大型产品的设计等制定对策时，仅仅靠我们的大脑进行思考、靠我们的双手以笔或小型计算器进行计算是不够用的，必须借助于大型数学模型、设计科学的计算机程序，运用电子计算机进行设计、比较和筛选方案。

例如，海湾战争中多国部队战略、战术的制定。战争中涉及许多因素，有许多的自变量和因变量，己方的力量配置、配合，敌方的力量配置、分布，武器的性能、人员的素质、地理地形、天气气候、各种情报的对错……其中，有许多资料还是靠侦察获得的，准确性并非百分之百。在这种有许多国家参加的陆、海、空协同作战中，仅上面列举的部分因素就可以形成几十甚至上百种可能的方案，实际情况就更为复杂、多变了。所以，在对作战方案的制订和选择上就必须运用现代科学仪器。

应用：博弈思考法的不同之处

博弈思考法是思考方法中比较复杂、难以把握的方法。它具有理论中的多样性和行动上的一次性的特点。就是说，在作出决策之前，思考主体要尽可能客观地再现事物可能出现的一切情况，把它们加以分析、对比，选择出一种最佳方案，付诸实施。一旦实施，不论对错都无法挽回，只有一拼了。

博弈方法需要借助于一定的心理分析。参加博弈的双方，其观念中的多元选择要绝对保密，各自最后方案的决定又要依赖于对对手的分析、估测，因此，估计对手的实力固然很重要（实际上，双方的实力是大家共知的），但根据双方以往交手的情况，揣摩对方现在的心理更为重要。这是一场心理的较量。

博弈方法与其他思考方法不同之处还在于，它借助于概率论、统计学、组合论等数学理论，具有较强的自然科学性，也具有较大的难度。在很多情况下，它是一些数学大公式的推演，是数学模型的应用。

战国时，齐国有个叫田忌的将军，同齐威王赛马，他们把马分成上、中、下三等。就同等马来说，田忌的马都不如齐威王的马，因而他连输了三局。后来田忌请教了著名的军事家孙膑，孙膑为田忌献策，结果使田忌赢了。

请问，你知道孙膑的计策是什么吗？

答案：

第一场，用下等马与齐威王的上等马比赛；第二场，用上等马与齐威王的中等马比赛；第三场，用中等马与齐威王的下等马比赛。结果田忌以二比一获胜。

第十四章

系统思考法：着眼全局细筹划

魔法思考题

岸边停靠着A、B、C、D四只电动船，它们的船速不同。开到对岸，A船需要1分钟，B船需要2分钟，C船需要5分钟，D船需要6分钟。现在只有一位驾驶员，一次最多只能开2只船同时过河。请你想一想，要想将4只船全都开到对岸去，最少需要几分钟？

原理

系统思考是在考虑解决某一问题时，不是把它当做一个孤立、分割的问题来处理，而是当做一个有机关联的系统来处理。掌握系统思考方法，是现今最需要的基本功之一。

将所面对的事物或问题作为一个整体，作为一个系统来加以思考分析，从而获得对事物整体的认识，或找到解决问题的恰当的办法的思考方法就是系统思考法。现实生活中，不善于进行系统思考就容易遭受挫折或造成损失，而善于着眼于系统就能够获得巨大成功。

宋代符详年间，皇宫中发生火灾，要进行皇宫修复工程。当时需要解决“取土”“外地材料的运送”“被烧坏皇宫的瓦砾处理”等三大问题。主管该工程的是大臣丁渭。他便在皇宫前的大街上挖沟取土，免去到很远的地方取土。很快，路就挖成了大沟，又让汴河决口，将水引进壕沟。于是各地运来的竹木都被编成筏子，连同船运来的各种材料，都通过这条水路运进来。皇宫修复后，他又让大家将拆下来的碎砖瓦连同火烧过的灰，都填进沟里，重新修成大路。经过这一处理，不仅节约了大量时间，还节省了上亿的经费。丁渭智修皇宫，就是充分把握要素之间的相生关系，使系统往有序和互相促进的方向发展，同时又把握了系统要素的相克性质，

促使其向反面演化，最终达到最理想的效果。

系统是由相互作用和相互联系的若干组成部分结合而成的，具有特定功能的有机整体。它的特征主要表现在：

（1）系统都是由两个以上的要素按照一定方式组合而成的。

（2）系统的各个要素之间都是相互联系、相互制约的。

（3）系统具有一定的特征和功能行为。

（4）系统总是存在于一定的环境之中，并与外界环境进行物质、能量、信息的交换等。

我国古代都江堰水利工程就是运用系统的思考方法而设计与构建的。都江堰水利工程是由鱼嘴、飞沙堰、宝瓶口三项主体工程和120多个附属渠堰工程组合而成的。位于江中的鱼嘴犹如一把利剑将岷江一分为二，让靠近内江的水直泻宝瓶口，流灌川西平原；而宝瓶口又迫使岷江之水由西向东穿山而过，排洪、防旱；飞沙堰使内江之水平时逼进宝瓶口，洪水时溢过堰顶回流入外口，避免内江灌溉受灾。三大主体工程同120多个附属渠堰工程既分工又合作，各自发挥独特作用，使整个工程具有调节水势、灌溉良田、飞水防洪、飞沙防涝的多种功能，达到了变水患为水利，造福人民，发展生产，调节生态平衡的总目的，堪称系统工程的杰作。

训练1：从整体出发

把思考对象看做由若干部分构成的有机整体，从整体与部分、部分与部分、整体与环境的相互联系和作用中认识事物或找到解决问题的恰当办法。

系统思考是“看见整体”的一项修炼，它是一种思考框架，能让我们看到相互关联的非单一的事情，看见渐渐变化的形态而非瞬间即逝的一幕。这种思考方法可以使我们敏锐地预见到事物整体的微妙变化，从而对这种变化制定相应的对策。

美国航空公司在营运状况仍然良好的时候，麻省理工学院系统动力学教授约翰史德门就预言其必然倒闭，果然不出其所料，两年后这家公司倒闭了。史德门教授并没有很多精确的数据，他只是运用了系统思考法对这家航空公司的“内部结构”进行了观察，发现这个公司组织内部一些因果关系还未“搭配”好，而公司的发展又太快了，当系统运作得越有效率，环扣得越紧，越容易出问题，走错一步，满盘皆输。史德门之所以能够看出问题的本质，就是因为他运用了整体动态思考方法，透过现象看到了问题的本质。

训练2：从综合的观点出发

把系统看成是多因素、多方面的统一体，以便对思考对象进行综合考察和处理，既要看到对象的各个方面，又要在多方面的联系中全面地、综合地加以分析和研究。

在一次学术研究会上，上海江南造船集团高级工程师林国恩发布了对“红崖天书”的全新诠释。学术界的专家普遍认为，林国恩对这一千古之谜的解释，与其历史背景、文字结构、图像寓意相吻合，具有可信度和说服力。

所谓“红崖天书”，是位于贵州省安顺地区一处崖壁上的古代碑文。在长10米、高6米的岩石上，有一片用铁红色颜料书写的奇怪文字，文体大小不一，大者如人，小者如斗，非凿非刻，似篆非篆，神秘莫测。因此，当地的老百姓称之为“红崖天书”。近百年来，“红崖天书”引起了众多中外学者的研究兴趣，甚至有人推测这是外星人的遗迹。据说，郭沫若等著名学者也曾经尝试破译，但是一直没有定论。

那么，非科班出身的林国恩是如何破译这个“千古之谜”的呢？林国恩于1990年了解“红崖天书”以后，对它产生了浓厚的兴趣，从此把他的全部的业余时间放到了破译工作上。他祖传三代中医，自幼即背诵古文，熟读四书五经。他于1965年考入上海交通大学学习造船专业，但是他业余时间钻研文史、学习绘画。由于他是造船工程师，系统学习对他有很深的影响，使他掌握了综合看待问题的方法，这为他破译“红崖天书”打下了坚实的基础。

在长达9年的研究当中，他综合考察了各个因素，查阅了7部字典，把“红崖天书”中50多个字，从古到今到演变过程查得清清楚楚。在此基础上，他做了数万字的笔记，写下了几十万字的心得，还三次去贵州实地考察，为破译“红崖天书”积累了丰富的资料。

经过系统综合的考证，林国恩确认了清代瞿鸿锡摹本为真迹摹本；文字为汉字系统；全书应自右向左直排阅读；全书图文并茂，一字一图，局部如此，整体亦如此。从内容分析，“红崖天书”成书约在1406年，是明朝初年建文皇帝所颁发的一道讨伐燕王朱棣篡位的“伐燕诏檄”。全文直译为：燕反之心，迫朕逊国。叛逆残忍，金川门破。杀戮尸横，罄竹难书，大明日月无光，成囚杀之地。需降服燕魔，作阶下囚。

“红崖天书”的破译就是系统思考法的综合性原则的最好体现。

训练3：达到最优化

我们无论做任何事情，必须选择最佳方法，以达到最优化的目的。过去水稻收割、打场是分段作业的，能不能实现一条龙的流水作业，直接从水稻变成雪白的大米呢？这是一个系统工程，也是一个复杂的过程。东北农业大学的农学家们经过反复研究，终于发明了“割前脱粒水稻收获机器系统”。这种机器可以化繁为简，田地里的水稻经机器一“过滤”，稻谷就成了雪白的米粒。有关专家认为，这种割前脱粒收获机收割水稻，和传统型联合收割机相比，具有最优化的指标，具体表现为步骤少、损失小、破碎率低、成本低的优点。

北京大钟寺有口大钟，它造于明代永乐年间，几百年来，人们作出许多测定，包括体积、重量和成分等。以重量来说，有说是42吨，有说是53吨。我国声学家用精密超声声速仪精确测定大钟各处厚度，计算出实际重

量为46.5吨。经化验分析，大钟含铜80.54%、锡16.4%、铅1.12%和少量其他金属。这口钟的含金属结构比例合适，使钟经得起重敲，被认为属于造钟的最佳比例。

现代系统思考方法是建立在系统科学基础上的一系列以数学处理为主的方法，包括系统分析、系统辨识和系统工程等。由于电子计算机的发展，现代系统方法可以精确地分析处理系统的各种要素，准确、及时、全面地管理控制更大、更复杂的系统。因此，系统思考方法无论是在重大的工程技术上还是在大型科学研究中，都有着广泛的应用。

总之，人类已经进入系统时代。自20世纪40年代以来，运用系统思考方法作为一种方法论，已在解决许多复杂的大系统工程中发挥了重要的作用。例如，美国的“阿波罗登月计划”，以及卫星系统工程、环境生态问题、城市规划系统等，都需要借助运用系统思考方法解决问题。面对着大科学、大经济时代，认识和掌握系统思考方法，培养和发展系统思考能力，对于创建成功的事业有着不可估量的作用。

假设有9个一模一样的小球，其中有一个稍微轻一点，其他的重量相等。现在请你选用一种称重量的仪器，要求你只称两次，便将此球找出来。

请问，选用什么仪器，又该如何称呢？

答案：

将9个球分为3组，每组3个球，取两组放到天平两边称取，视天平的位置变化可先判断哪组有轻球，然后再按前述方式再称一次，就可知道轻球是哪一个了。

第十五章

假说思考法：假设孕育新发现

魔法思考题

甲、乙、丙、丁4个孩子赛跑，一共赛了4次，其中甲比乙快的有3次，乙比丙快的有3次，丙比丁快的也有3次。大家可能很容易想到丁一定跑得最慢。但事实却是，在这4次比赛中，丁比甲快的也有3次。请问，你能说出这是怎样的一种情况吗？

原理

假说思考法是根据已知的科学原理和一定的事实材料对事物存在的原因、普遍规律或因果性作出有根据的假定、说明以及科学解释的方法。

建立假说是人们初步认识某些真理的重要方法和途径，也是科学理论形成和发展的重要阶段，在人们一般的实践活动中有着重要意义。

建立假说法是以已有事实和科学知识以及观察实验为依据的，因而，假说不同于无知妄说；另一方面，人们为了一定目的而建立的假说只是对事物的存在原因和规律性初步的假定说明，因此，它具有推测的性质。它提供给人们的知识并不确凿可靠，还需要科学的论证和实践的检验，因此，它又区别于科学理论。假说的建立离不开实践，所以假说的建立过程也是来源于实践的各种逻辑方法和推理形式的综合运用的过程。

人类不少发明创造来源于科学的假设、假想、假说，不少科学家、发明家总是把假设、假想、假说作为自己创造发明的第一个逻辑起点，一开始几乎是在模糊中起步。恩格斯说："只要自然科学在思考着，它的发展形式就是假说。"牛顿也说："没有大胆的猜测，就没有伟大的发现。"赫胥黎说："一切科学都始于假说……"如果把理论比做一项"成品"，那么，假说就好比"半成品"或"预制品"，没有对"半成品""预制品”的不断加工，成品是不会出现的。如天文学中的哥白尼太阳中心说，地质学中的大陆漂移说、板块结构说、海底扩张说，医学中的克山病因假说、癌症病因假说，数学中的“哥德巴赫猜想”，等等。所以说，假设、假想、假说是科学进步不可缺少的理论思考形式之一，是认识未来的桥梁，是攀登科学高峰的阶梯。

作为一种科学思考方法，假说思考法具有非常重要的作用。其具体表现如下。

1.假说可以使我们的认识和实践活动具有自觉能动性

人们对世界的认识和改造，实质上是一种探索性的活动。人们不可能等到事物的本质完全暴露在面前之后再去认识和改造，但也不可能没有目标和方向地进行认识和改造。前者是消极被动的方式，永远只会随着事物走，不会有新的发现，是直观的、机械的活动；后者是盲目的方式，游离于事物之外，随心所欲地进行，只会招致失败。那么，此时此刻就需要人们在已知的情况下进行假设和预测，并根据这些假说进行有目的、有计划的实验和谨慎的行动，在行动中不断充实假说，修正假说，逼近事物的本质。

2.假说为我们建立和发展科学理论提供了一座桥梁

尽管人的思考本质是想全面地、正确地把握事物，并希望穷尽对事物的认识。然而，人的思考是通过有限的具体的个人进行的。种种主客观条件必然限制认识的进行，使得真理的获得须经过多次的反复。此时，能够帮助我们的就是假说，即假说可使我们从已知的科学理论和事实去探索未知的规律，去不断地积累知识和经验，增加假说中的科学性成分，减少假说中的非科学性成分，逐步建立起正确的理论。假说成了科学理论的先声，以及通向成功行动的桥梁。

例如，任何一项决策的出台和实施之前，必先进行大量的调查研究、实地取证，然后从所获取的材料出发进行假说，并进行实验、试点、修改，几经反复才能最后形成。如果离开了假说阶段，直接从收集的有限材料中就一次性作出决策并加以实施，那么，实践就会给决策人带来很多麻烦，甚至是彻底的失败。

3.假说可以促使我们相互探讨，提高行动的成功率

由于假说是在已有的有限知识、经验和材料的基础上进行的，那么，大家尽可能依据自己的知识结构、思考能力提出自己的看法，在相互交流中修正各自的假说，并使多种关于同一事物的假说趋于一致而达成共识。在这种假说基础上形成的理论，其转化为行动后的成功率就相当大。

假设思考它不同于一切脱离现实可能的幻想、神话、呓语、主观臆造。它是起步于现实的但又是有科学根据的，虽难度很大，通过努力又是可以实现的。

一切假设、假想、假说都应该是经得起生产实践、科学实验与时间的严格检验的，至少要经历下面三方面的检验：

（1）理论验证。

（2）实践验证。

（3）能否定对立的假说（能推翻同一论题中的其他对立的假说，因为一个事物的假说有时不止一个），否则，新的假说不能成立，不能上升为科学的理论与定律。

任何人都可以提出假设，但要经过验证，验证是假设的试金石。

假说方法从其名称上可以看出，它的运用和操作有一定的步骤：假设和论证。

训练1：建立假设

这就是说在制定假说之前，研究者、行为者为了回答特定的问题，就要围绕问题，收集相关的、为数不多的事实材料和已有的科学原理，调动自己大脑中已有的知识，并充分发挥自己的创造性思考能力和想象力及分析问题能力、逻辑推理能力，对要求回答的问题的规律和本质提出初步的推测和假定，即提出假设。没有假设，就不可能有科学假说。

例如，“罗斯福新政”出台之前，罗斯福及其智囊团必须先分析现有经济政策存在的问题、带来的消极后果，然后，根据已有情况推测经济发展的趋势，提出自己的经济政策假设，即如此这般的经济政策也许能拯救美国经济萧条的局面。

只有在这个“假设”的基础上，才能再一步步地去充实、论证它，从而形成科学假说——“新政”的基本轮廓。所以说，“假设”是假说的胚胎，也是它的最初的努力方向。

训练2：论证是假说的第二步

假设的提出不等于假说的形成，况且假设是初步的猜测和假定。研究者、行为者还必须利用有关理论和尽可能多的经验事实材料，进行广泛的论证。这样，一方面可以充实假设；另一方面可以修正假设，使其趋于合理。

比如，我们在研究社会发展时，根据已有资料和知识，可以提出“社会发展是有规律的”这一假设。但在此后，我们就要搜集大量的事实和理论，以支持或修正我们的假设。然而，论证离不开演绎。

论证就是运用类比、归纳与演绎、分析与综合等演绎方法，把握被研究对象的特点、结构、发展的动力和具体方式以丰富假设，从而，假设就变为科学假说。

假说的形成和运用具有很大的创造性，显示了思考主体的自觉能动性，这里不存在机械性规则，但是，却有一些必须遵循的方法论原则。

1.解释原则

这是指假说同已知事实的关系。假说是依据已知事实提出的，它必须同这些事实相符合，并能够说明和解释这些事实，不得与事实相冲突。如果假说同事实相悖，就要修正假说。

2.科学原则

这是指假说同已知的科学理论和观点的关系。假说或是对已有理论的反叛，或是对已有理论的修正、创新。但是，假说不等于无原则地抛弃已有理论，对已有理论中经过实践检验是正确的并在现实中仍然有效的部分应当保留，作为它的内容的一部分。

3.简单性原则

这是指假说与逻辑的关系。一个好的假说要尽可能地在逻辑上简洁明了，尽可能地解释和符合更多的事实和客观对象，即假说要有很大的内存量。这样，假说的科学性才大。

4.可检验原则

这是假说具有科学性的一个基本条件。假说本身就是一种推测性解释，它必须接受事实和经验材料、科学理论的检验，在检验中或证实或证伪。不可检验或无法检验的假说永远是一个谜，无法成为科学理论，因而是不可取的。

应用：“大陆漂移”理论源于假说思考

德国气象学家、地球物理学家魏格纳提出并创造了“大陆漂移”的理论，运用的就是假设思考。1910年的一天，德国年轻的气象学家魏格纳正在看世界地图，他惊异地发现，南美洲巴西的一块突出部分和非洲的喀麦隆海岸凹进去部分，形状非常相似，如果把它们拼合在一起，就正好吻合。为什么这样凑巧？莫非太古的时候，这两块大陆本来是一个，后来裂开、漂移，形成现在的样子？魏格纳在产生这一想法时曾指出："但我也就随即丢开，并不认为有什么重要意义。"

事隔1年后的秋天，在一个偶然的机会里，魏格纳从一个论文集中看到了这样的话：根据古生物所提供的证据，巴西与非洲间曾经有过陆地相连接。魏格纳说：这是我过去不知道的，这段文字记载促使我对这个问题在大地测量学与古生物学的范围内，围绕上述目标从事仓促的研究，并得出重要的肯定的论证，由此就深信我的想法是基本正确的。"

在此基础上，1912年，魏格纳提出了"大陆漂移"假说。这种学说认为，在距今2亿年的中生代之前，地球上只有一块庞大的原始陆地，叫做"泛大陆"，周围是一片汪洋。到后来，由于天体引力和地球自转离心力的作用，泛大陆开始分崩离析，犹如浮在水上的冰块，不断漂流，越漂越远。从此，美洲脱离了亚洲和欧洲，中间留下的空隙就是大西洋；非洲的一部分和亚洲告别，在漂离的过程中，它的南端有偏转，渐渐与印巴次大陆脱开，诞生了印度洋。

为了使上述假设能成立，必须进行验证。魏格纳通过地球物理学、地质学、古生物学和生物学、古气候学以及大地测量学五个方面进行验证，最后确立"大陆漂移"的学说。

此外，通过假说，人们可以基于已有事实，又超出已有事实。对问题进行大胆设想，并深入实践中有目的地取证。这样，容易触及相关问题和相关领域，并有可能在这些地方获得新的发现，实现认识和行动的新突破。例如，历史上关于"以太"的假说，曾推动众多的科学家去发现这种神奇的物质。"以太"虽未被找到，但是，在探索过程中却发现了相对论。

总之，假说思考方法是科学思考方法之一。它能够较大程度地调节思考主体的主观能动性和创造性，能够使思考主体不满足于已有的成绩，而是在此基础上进行不断创新，能够使思考主体面对已经陈旧或日渐失效的理论，敢于和能够修正。假说是一种创造性的思考方法。正确地掌握和运用，对我们的工作、科研都具有创造意义。

在某城市的使馆区，一天晚上，一位卷曲着头发的黑皮肤的人来到一个使馆门口，哨兵要求其出示证件。那人向哨兵摊了摊手，表示他听不懂哨兵的话。

于是，哨兵从自己的上衣兜里取出一个证件，又用英语说了一遍。那个人用英语说："我的工作证落在办公室了，而现在必须赶快去参加一个会晤，必须马上进入S国使馆。"

哨兵冷静地打量了对方，略加思索说："是这样，那请你进去吧！"

来人高兴地给哨兵鞠了一个躬，便迈步准备进入使馆。这时，哨兵突然大吼一声："站住！"伸手在对方的脸上一抹，原来是一个想混进使馆的人。想想看哨兵是从哪儿看出破绽来的。

答案：

来人对哨兵的第一次中文会话表示听不懂，而对第三次中文会话却是立即作出了领会的反应，表明他不懂中文是伪装的。

第十六章

试错思考法：真理住在谬误边

魔法思考题

在古时候，人们就已创造出了用绳子测量井深的方法。他们用一条绳子4折后垂到井底，上端超出井口3尺，如果5折后垂到井底，上端则超出井口1尺。请问这座井有多深？

原理

试错法，也就是猜想——反驳方法。这是在科学领域应用较多的一种方法，也是人类认识和思考的方法之一。它对于我们提高理论和各项行动方案的真实性、可靠性和科学性具有不可替代的作用。

“证伪”和试错法是由哲学家波普尔提出的。波普尔反对经验证实和经验归纳。在他看来，很多科学理论无法用经验来证实。例如，假设某人养了一群鸡，每天中午12时，他准时给鸡喂食，即每当这时，他撒下一把米粒，鸡就会围上来。但是，谁能保证有一天主人撒米粒不是喂它们，而是把它们哄过来，抓起其中某一只，给杀掉呢？这就是说，我们所得到的结论：主人撒米粒就是给鸡喂食只是在已有的经验基础上的归纳，而只要这个经验没有穷尽，那么这个结论就始终值得怀疑。

但是，经验又不可能被某人所穷尽。正是针对这种情况，波普尔以演绎方法去证伪结论。他认为，一个经验的科学体系必然能够被经验反驳。如果一个理论的可证伪度越高，即潜在的证伪因素越多，就意味着它被证伪的机会越多。这就造成禁止得较多，从而对经验世界断定得较多。

正是依据理论的上述特点，波普尔提出：理论就是一种猜测，是在猜测与反驳中前进的。把这试错的做法或猜测——反驳的做法上升到方法论

的高度，作为发现新理论、制定新决策的方法，就是试错法或猜测——反驳法。试错法就是一种对认识进行不断证伪、不断限定，从而提高其正确性的思考过程。

训练1：第一步先猜测

没有猜测，就不会发现错误，也就不会有反驳和更正。猜测在一定意义上就是怀疑，这种怀疑不是为了怀疑而怀疑，而是为了发现问题、更正问题，是科学的审慎的态度。我们的认识一方面来自观察、实践，另一方面来自大脑中已有的知识储存。然而，大脑中的知识储存并不是原封不动地被吸引、利用，而只能是有选择地、批判地被吸引、利用。这就需要猜测、怀疑，对以往知识进行修正，修正过的知识方可融进新的认识、理论之中。

猜测之所以被运用，还在于我们对事物的认识，虽然已掌握了部分事实材料，但还是不能清晰地、完整地把握事物。此时，我们不能等到事物的本质全部自动呈现之时，而是要积极地创造条件，使之尽快暴露出来，并积极地进行猜测、审查，以期从已有事实中发现新东西。

猜测离不开直觉和想象。从这方面讲，猜测同创造性思考紧密相连，可归入创造性思考之列。

但是，猜测不是胡乱地想象，随意地编造。它除了要尊重已有的事实外，还须符合：

（1）简单性要求，即经猜测而得的设想必须简单明了，必须让人一看就明白新设想“新”在何处，它与旧认识的关联何在等。

（2）可以独立地检验性要求，即新设想除了可以解释预定要解释的东西之外，它还必须具有一些可以接受检验的新推论。否则，它仍然停留在原有认识水平上。

例如，我们在写一份分析报告时，先陈述已有的某方面成就及其不足，提出自己的新主张，然后还必须从自己的新主张中推论出几种建设性意见或几条重要结论。这是写报告的基本要求。

（3）尽可能获得成功和较长久地不被替代、推翻。之所以进行猜测、怀疑原有认识，就是为了确立新认识和理论。如果新理论不追求成功、长时间有效，猜测就毫无必要了。

上述三个要求符合试错法的基本精神。

训练2：第二步再反驳

没有反驳，猜测就是一厢情愿且可能是错误重重的设想。反驳就是批判，就是在初步结论中寻找毛病、发现错误，通过检验确定错误，最后排除错误的思考过程。排除错误是试错法的目的，也是它的本质。因为不能排除错误，认识就不能得到提高，就不可能从错误丛生中走出来。所以，

人类高明于动物的地方，其中之一就是能够排除错误，以免干扰新的认识。而动物能够发现错误，但不能排除，从而导致它以后的重犯，并最终导致灭亡。通过批判和排除错误，反驳也就可以确保理论的错误减少或不增加，确保理论的被接受和运用。

从上述可以推出，反驳就是一种“从错误中学习”的方法。没有错误，人类就无法前进，科学也无法发展。生活中的每项方针、政策都是在吸取以前经验的基础上制定的；科学的重大发现也是在无数次错误、排除错误，再错误、再排除的无限交替中实现的。如“六六六”药粉的发现，就得名于它是在经历了666次试验之后才获成功这一事实。

试错法是猜测与反驳的结合。这种方法同假设——演绎法有相同之处，也有不同之处。假说方法是先根据事实，确立一个假说，然后寻求证据支持它、证实它；而试错法却似乎正相反，它是对已有认识的试错，即不是找正面论据，而是寻求推翻它、驳倒它的例子，并排除这些反例，从而使认识更加精确、科学。所以，这两种方法在方向上是相对立的，但在动机和目的上却是相同的：证实某一理论并赋予它更多的科学性。如果说假说方法是正面的，那么试错法就是反面的。这两种方法的交叉使用，定会使我们的行动获得成功。

应用：试错不是目的

试错法对我们的实际工作具有指导性。我们的某项认识，尤其是经理人员的某项决策初步制定后，需进行多方面的试点，即需要把它放在各种条件不同的地方——经济发达的与不发达的、资源丰富与贫乏的、技术先进的与落后的、人才云集的与匮缺的——进行试点。只有这样，才能较充分地检验其决策，最大限度地排除其中不科学与脱离实际的成分，使其决策具有普遍适用性。

有一点需交代，即试错法的试错不是目的，不是为试错而试错。生活中，大多数人，包括一些领导并不喜欢别人给他找错误、挑毛病，认为这是对他的不恭或故意刁难。这种想法应该抛弃。油灯底下总是黑的。一个人很难发现自己的错误，别人的帮助正是求之不得。当然，也必须杜绝另一种情况，即以试错为名，主观、任意地挑毛病，或为了挑毛病而挑毛病，把试错当成一切，并作为打击、报复、阻碍他人的一种手段和方法。这是对试错法的极大歪曲。

练习

五个盒子里分别装有红、绿、黑、黄、灰五种颜色的小球。小苗让甲、乙、丙、丁、戊五个人来猜，猜对者有奖。

甲说：第二盒灰色，第三盒黑色。

乙说：第二盒绿色，第四盒红色。

丙说：第一盒红色，第五盒黄色。

丁说：第三盒绿色，第四盒黄色。

戊说：第二盒黑色，第五盒灰色。

五个人都猜对了一盒，且每人猜对的颜色都不同。请问，每盒都装了什么颜色的小球?

答案:

假设甲猜第二盒是灰色的正确，那第三盒就不是黑色的。乙猜第二盒是绿色的就错误，那第四盒就是红色的。这样丙猜第一盒是红色的错误，那第五盒就是黄色的。那么戊猜第五盒是灰色的就错误，第二盒应是黑色的。这与假设相矛盾，可见甲猜第二盒是灰色的错误，那么第三盒应是黑色的。由此可推理出第一盒是红色的，第二盒是绿色的，第四盒是黄色的，第五盒是灰色的。

第十七章

智力激励思考法：掀起头脑大风暴

魔法思考题

某种细菌1分钟可以分裂成两个，再过1分钟各自分裂，合计共有4个。照此速度，一个这样的细菌要充满整个瓶子需要花1个小时的时间。请问，一开始有两个细菌，要花多少时间才能充满整个瓶子？

原理

“倘若你有一个苹果，我也有一个苹果，而我们彼此交换这些苹果，那么，你和我仍然是只有一个苹果。但是，倘若你有一种思想，我也有一种思想，而我们彼此交流这种思想，那么，我们每个人将各有两种思想。”

品味萧伯纳的名言，人们有何感想？与肖氏思考如出一辙的创造学家A·F·奥斯本，则大声疾呼：“让头脑卷起风暴，在智力激励中开展创造！”

集思广益，这并没有什么高深的道理，问题在于如何去做到这点。开会是一种集思广益的办法，但并不是所有形式的会都能达到让人敞开思想、畅所欲言的效果。奥斯本的贡献，就在于找到了一种能有效地实现信息刺激和信息增值的操作规程。难怪奥斯本在发明这种集思广益的创造技法后，马上在美国得到推广，日本人也相继效法，使企业的发明创造与合理化建议活动硕果累累。我国华北地区铁道学会在一次有关新型车辆转向架设计方案研讨中，头两天的中心发言尽管很热烈，但从记录中可总结的新创见并不多。后来，会议组织者试用头脑风暴法再次研讨，结果很快获得30多条有创见的新设想，收到了令人满意的答案。

中国机械冶金工会举办的一次合理化建议和技术革新工作研讨班，运用智力激励法思考“未来的电风扇”，36人在半小时内提出173条新设想。其中典型的设想有：带负离子发生器的电扇、全遥控电扇、智能电扇、理疗电扇、驱蚊虫电扇、激光幻影式电扇、催眠电扇、变形金刚式电扇、熊猫型儿童电扇、老寿星电扇、解忧愁录音电扇、恋爱气氛电扇、去潮湿电扇、衣服烘干电扇、美容电扇、木叶片仿自然风电扇、解酒电扇、吸尘电扇、笔记本式袖珍电扇、太阳能电扇、床头电扇、台灯电扇等。

训练1：“头脑风暴”会

什么是“头脑风暴”？什么是“智力激励”？我们还是先看一个有趣的故事。

有一年，美国北方格外严寒，大雪纷飞，电线上积满冰雪，大跨度的电线常被积雪压断，严重影响通讯。

过去，许多人试图解决这一问题，但都未能如愿以偿。后来，电讯公司经理应用奥斯本发明的头脑风暴法，尝试解决这一难题。他召开了一种能让头脑卷起风暴的座谈会，参加会议的是不同专业的技术人员，要求他们必须遵守以下四项基本原则：

第一，自由思考。即要求与会者尽可能解放思想，无拘无束地思考问题并畅所欲言，不必顾虑自己的想法或说法是否“离经叛道”或“荒唐可笑”。

第二，延迟评判。即要求与会者在会上不要对他人的设想评头论足，不要发表“这主意好极了！”“这种想法太离谱了！”之类的“捧杀句”或“扼杀句”。至于对设想的评判，留在会后组织专人考虑。

第三，以量求质。即鼓励与会者尽可能多而广地提出设想，以大量的设想来保证质量较高的设想的存在。

第四，结合改善。即鼓励与会者积极进行智力互补，在增加自己提出设想的同时，注意思考如何把两个或更多的设想结合成另一个更完善的设想。

按照这种会议规则，大家七嘴八舌地议论开来。有人提出设计一种专用的电线清雪机，有人想到用电热来化解冰雪，也有人建议用振荡技术来清除积雪，还有人提出能否带上几把大扫帚，乘坐直升机去扫电线上的积雪。对于这种“坐飞机扫雪”的设想，大家心里尽管觉得滑稽可笑，但在会上也无人提出批评。相反，有一工程师在百思不得其解时，听到用飞机扫雪的想法后，大脑突然受到冲击，一种简单可行且高效率的清雪方法冒了出来。他想，每当大雪过后，出动直升机沿积雪严重的电线飞行，依靠高速旋转的螺旋桨即可将电线上的积雪迅速扇落。他马上提出“用直升机扇雪”的新设想，顿时又引起其他与会者的联想，有关用飞机除雪的主意一下子又多了七八条。不到1小时，与会的10名技术人员共提出90多条新设想。

会后，公司组织专家对设想进行分类论证。专家们认为设计专用清雪

机，采用电热或电磁振荡等方法清除电线上的积雪，在技术上虽然可行，但研制费用大、周期长，一时难以见效。那种由“坐飞机扫雪”激发出来的几种设想，倒是一种大胆的新方案，如果可行，将是一种既简单又高效的好办法。经过现场试验，发现用直升机扇雪真能奏效，一个久悬未决的难题，终于在头脑风暴会中得到了巧妙的解决。

从上例可见，所谓头脑风暴会，实际上是一种智力激励法。这种方法的英文表达是brain storming，直译为精神病人的胡言乱语，奥斯本借用这个词来形容会议的特点是让与会者敞开思想，使各种设想在相互碰撞中激起脑海的创造性“风暴”。

训练2：KJ法

这是日本职工创造活动中选用居第一位(75%)的创造方法。它是日本东京工业大学教授川喜多二郎于1965年提出的对智力激励法的一种改进方案。其实施过程如下。

1.准备

主持人和与会者4～7人。准备好黑板、粉笔、卡片、大张白纸、文具。

2.头脑风暴法会议

主持人请与会者提出30～50条设想，将设想依次写到黑板上。

3.制作卡片

主持人同与会者商量，将提出的设想概括2～3行的短句，写到卡片上。每人写一套。这些卡片称为“基础卡片”。

4.分成小组

让与会者按自己的思路各自进行卡片分组，把内容在某点上相同的卡片归在一起，并加一个适当的标题，用绿色笔写在一张卡片上，称为“小组标题卡”。不能归类的卡片，每张自成一组。

5.并成中组

将每个人所写的小组标题卡和自成一组的卡片都放在一起。经与会者共同讨论，将内容相似的小组卡片归在一起，再给一个适当标题，用黄色笔写在一张卡片上，称为“中组标题卡”。不能归类的自成一组。

6.归成大组

经讨论再把中组标题卡和自成一组的卡片中内容相似的归纳成大组，加一个适当的标题，用红色笔写在一张卡片上，称为“大组标题卡”。

7.编排卡片

将所有分门别类的卡片，以其隶属关系，按适当的空间位置贴到事先准备好的大纸上，并用线条把彼此有联系的联结起来。如编排后发现不了有何联系，可以重新分组和排列，直到找到联系。

8.确定方案

将卡片分类后，就能分别地暗示出解决问题的方案或显示出最佳设想。经会上讨论或会后专家评判确定最佳方案或最佳设想。

训练3：集思广益法

集思广益法是辽宁省科协在举办创造力开发培训班活动中，试验了多种头脑风暴法后，由赵惠田总结的一种比较适合于我国现时基层企业内以小组会议形式进行集思广益、促进创新构思的方法。其原型是“635”法，是将我国开调查会的习惯做法，与头脑风暴法、KJ法等方法加以综合后形成的。

1.集思广益法小组的组成

小组由6名左右有经验的人员组成，其中设1名主持人。主持人须头脑清晰、思考敏捷、善于诱导，并有所准备。

2.集思广益法的实施步骤

分三个阶段进行：

（1）预写阶段。开会前先通知与会者所议的议题，并发给每人两张设想(方案)填写表，要求与会者先进行思考，并在每张表格上填写三种有较大区别的设想(方案)，持表参加会议。

由主持人宣布会议开始并作有关说明后，与会者将填有三种方案的表格中的一张传给右方座位者。每人接到表后，6分钟内，在他人填写的设想启发下，往传来的表上填写三个补充的或新的设想。这样，半小时之内可传5次，当自己初始填写的表传回本人时，停止传阅，利用10分钟进行综合联想。

（2）畅谈阶段。与会者以精练的语言概要地宣读原设想和在传阅过程中产生的新设想或修订方案，并一一记录在黑板上，在宣读方案过程中可以补充发挥，但严禁评判。评判推迟到下一阶段进行，以免过早地下断言，打击他人积极性，束缚想象力。在宣读方案的过程中，如果受到启发，产生新的构思，或者对原方案有新的补充，可以往保留在每人手中那张没有传递的表中填写，这一阶段大约需要10分钟。

（3）评价阶段。与会者对抄录在黑板上的各种设想方案进行分析归纳，并且以独创性、可行性和实用性为标准进行评价。从优选择，获取创造性方案。

方案选择后，为便于决策，还可以进行专家测评。请30～50名专家，将方案（每个方案一张表）寄给他们，请专家们对方案以“很同意”“同意”“犹豫”“不同意”和“很不同意”的其中任一种态度，表示自己意见。专家意见反馈后，绘成“山”形图，这样，提供决策比较直观。同时表格中留出补充和修改意见栏，以及提出新设想和新方案栏，以吸取专家意见。

训练4：德尔菲法

德尔菲法是一种重要的预测决策方法，也是一种重要的群体创新方法。

德尔菲法有如下三个特点。

1.匿名性

在德尔菲法的实施过程中，专家间彼此互不相知，这样既不会受权威意见的影响，也不会使应答者在改变自己意见时顾虑是否会影响自己的威信，各种不同论点都可以得到充分的发表。

2.信息反馈沟通

专家从反馈回来的问题调查表上了解到发表意见的状况，以及同意或反对各个观点的理由，并依次作出新的判断，从而构成专家之间的匿名相互影响。专家们不会受没有根据的判断的影响，反对的意见也不会受到压制。

3.对问题作定量处理

对预测时间、数量等问题可直接由数目表示，再按程序处理，对规划决策问题可采取评分的方法，把定性的问题转化为定量的问题。

德尔菲法的实施步骤如下。

1.制订征询调查表

征询调查表是运用德尔菲法向专家征询意见的主要工具，它制订得好坏，将直接关系着征询结果的优劣。在制订调查表时，须注意以下几点：

（1）对德尔菲法作出简要说明。为使专家全面了解情况，调查表一般都应有前言，用以简要说明征询的目的与任务，以及专家应答的作用。同时对德尔菲法的程序、规则和作用作出简要说明。

（2）问题要集中。问题要集中，有针对性，不要过于分散。各个问题要按等级由浅入深地排列，这样易引起专家应答的兴趣。

（3）避免组合问题。如果一个问题包括两个方面，一个方面是专家同意的，而另一方面又是不同意的，这时专家就难以作出回答。因而应避免提出“一种技术的实现是建立在另一种方法的基础上”这类组合问题。

（4）用词要确切。所列问题应该明确，含义不能模糊。例如，“到哪一年，家庭里远距离通道的电子计算机终端设备将被普遍使用？”这一问题中的“普遍使用”词组的含义不明确，是指60%还是指90%，专家对这个词组有不同的理解就会有完全不同的评价。所以，在问题的陈述上要避免使用含义不明确的词汇。

（5）调查表要简化。调查表应有助于专家作出评价，应使专家把主要精力用于思考问题而不是用在理解复杂和混乱的调查表上。在调查表简化上花费一定的力气，将得到事半功倍的效果。

（6）要限制问题的数量。如果对问题只要求作出简单回答，问题的数量可适当多些。如果问题比较复杂，则数量可以少些。严格的界限是没有的，一般认为，问题的数量的上限以25个为宜。

2.选择专家

在征询调查表拟订后，就要据此选择专家，在选择专家时，不仅要注意选择那些精通本学科领域、有一定名望、有学派代表性的专家，同时还要注意选择边缘学科、社会学和经济学等方面的专家。要考虑选择的专家是否有充分的时间认真填写调查表。经验表明，一个身居要职的专家匆忙填写的调查表，往往不如一般专家经过深思熟虑认真填写的调查表更有价值。专家小组的人数一般以10～50人为宜，最佳人数15人左右。为了保证人数的稳定，预选人数要多于规定人数。在确定专家人选前，应发函征求本人意见，是否能坚持参加这项活动，以避免出现拒绝填表或中途退出等情况。

3.征询调查

运用德尔菲法，通常经过四轮的征询调查。

第一轮向专家小组成员发出询问调查表，允许任意回答。调查表统一回收后由领导小组进行综合整理，用准确的术语提出一个“征询意见一览表”。

第二轮把“征询意见一览表”再发给专家小组成员。要求他们对表中所列意见作出评价，并相应地提出其评价的理由。领导小组根据返回的一览表进行综合整理后，再反馈给专家组成员。第三轮、第四轮基本照此办理。

4.确定结论

在经过四轮征询后，通常专家小组的意见都表现出明显的趋势，逐渐地趋于一致。领导小组可以据此得出最后结论。

训练5：智力激励法的改进方法

1.635法

该方法又称为默写式激励法，是德国创造学家霍利格根据德意志民族惯于沉思、不喜高谈阔论的性格特点提出的，其要点是将参加会议的人数和会议的自由畅谈过程改变为：

（1）参加者以6人为最理想。

（2）每人在设想卡上写3个设想。

（3）写3个设想的时间是5分钟。

（4）5分钟一到，就将设想卡交换一下，这时与会者围成一圈，交换卡片可按一定的方向(如逆时针方向)进行。

（5）再重复（2）~（4）的过程，经过30分钟达到一个循环。可得到108个设想。

（6）将卡片收齐，分类整理再进行评价，最后选择出有价值的设想。

2.MBS法

日本的三菱树脂公司在运用智力激励法时，提出了另外一种改进方案。其实施过程是：

（1）主持人向参加会议的人宣布主题。

（2）给10分钟左右时间，让参加者将设想写在笔记本上。

（3）轮流宣读设想，每人每次宣读1~5个设想，记录员记下设想，其他人受到启发后又可在笔记本上写下新设想，尽量让全体人员把所有设想宣读完。

（4）开始对设想提出质询，提出设想的人进行说明。

（5）主持人对讨论结果进行归纳。

（6）参加者对设想进行评价，整理出有用的设想来。

3.CBS法

日本创造开发研究所所长高桥诚也提出了一种改进方案。其实施过程为：

（1）主持人宣布主题。

（2）参加者围坐在桌子周围，每人拿50张左右卡片写设想，每张卡片上写一个设想(约占1/6的时间)。

（3）轮流宣读卡片，并排列在桌面上，读一张放一张，别人可以提出质询，并在受到启发时将设想写在自己的卡片上(约占3／6的时间)。

（4）自由发表设想，从桌上拿掉有重复的设想卡(约占2／6的时间)。

（5）主持人进行归纳。

4.戈登法

戈登法是由美国人威廉·戈登创造的，这是一种由会议主持人指导进行集体讲座的技术创新方法。

头脑风暴法存在以下缺点：

第一，头脑风暴法在会议一开始就将目的提出来，这种方式容易使见解流于表面，难免肤浅。

第二，头脑风暴法会议的与会者往往坚信唯有自己的设想才是解决问题的上策，这就限制了他们的思路，提不出其他的设想。

为了克服上述缺点，戈登法规定除了会议主持人之外，不让与会者知道真正的意图和目的。在会议上把具体问题抽象为广义的问题提出，以引起人们广泛的设想，从而给主持人暗示出解决问题的方案。

戈登法设会议主持人1人，与会人5～12人。人选的要求与头脑风暴法大致相同。

下面以开发新型剪草机为例说明戈登法的步骤：

（1）确定议题。主持人的真正目的是要开发新型剪草机，但是不让与会人知道。剪草机的功能可抽象为“切断”或“分离”，可选“切断”或“分离”为议题。但是如果定为“切断”，则使人自然想到需要使用刃具，对打开思路不利，于是就选定“分离”为议题。

（2）主持人引导讨论。主持人：这次会议的议题是“分离”。请考虑能够把某种东西从其他东西上分离出来的各种方法。

甲：用离子树脂和电能法能够把盐从盐水中分离出来。

主持人：你的意思是利用电化学反应进行分离。

乙：可以使用筛子将大小不同的东西分开。

丙：利用离心力可以把固体从液体中分离出来。

主持人：换句话说，就是旋转的方式吧。就像把奶油从牛奶中分离出来那样……

（3）主持人得到启发。例如，使用离心力就暗示使滚筒高速旋转。从这个暗示中，主持人就得到这样的启发：剪草机是否可以使用高速旋转的带锯齿的滚筒，或者电动剃须刀式的东西。主持人把似乎可以成功的解决措施记到笔记本上。

（4）说明真实意图。当讨论的议题获得了满意的答案后，主持人把真实的意图向与会者说明。可以与已提出的设想结合起来研究最佳方案。

俗话说，“三个臭皮匠，顶个诸葛亮”，也就是brain storming的“中国式”译义，即集思广益。在解决一些问题的时候，科学发明或者是日常生活中，有些人的创造性思考能力远较平常人要优越得多。但对天资平常的人，如果能相互激励、相互补充，引起思考“共振”，也会产生出不同凡响的新创意或新方案。

随着创造活动的复杂化和课题涉及技术的多元化，单枪匹马式的苦思冥想将变得软弱无力，而“群起而攻之”的创造战术则显示出攻无不克的威力。

小云和小花的家只相距20米左右，所以只要面向窗外，就能相互交谈了。小云叫道："小花，我家有好吃的蛋糕，要不要来尝尝？"小花回答："不行，再过10分钟左右有个电话要来，我怕来不及去接。"请问，真有这种情况吗？

答案：

因为小云和小花都是高楼最顶楼的住户。

第十八章

联想思考法：打造想象魔法环

魔法思考题

阿凡提和他的马一起出远门。刚开始阿凡提骑在马上走，这样马的速度是每小时12公里，走了正好一半的路程后，阿凡提心疼自己的马，于是跳下来牵着马走，这样他的速度仅仅是每小时4公里。请问马的平均速度究竟是多少？

原理

联想是什么呢？普通心理学认为，联想就是由一事物想到另一事物的心理现象。这种心理现象不仅在人的心理活动中占据着重要地位，而且在回忆、推理、创造的过程中也起着十分重要的作用。许多新的创造都来自人们的联想。

联想思考法就是按想法之间的联系引导思考，使概念或形象接近或相连的思考方法。联想可以很快地从记忆里追索出需要的信息构成一条链，通过事物的接近、对比、同化等条件，把许多事物联系起来思考能开阔思路，加深对事物之间联系的认识。

联想是创造性思考的又一种重要能力及表现形式。联想和类比有相似的地方，但它又高于类比，是类比的进一步扩展，是由一事物想到另一事物的思考活动。两个事物和概念在意义上的差距，通过联想便能得到克服，把它联系起来。

人们知识的获得、经验的积累、对事物理解的生成都是联想的形成。而联想不是先验的，作为一种创造能力，它是人们在后天的实践中锻炼和培养起来的。人的联想力越强，其创造性思考就越活跃，就越容易出创造性成果；反之亦然，人的创造性能力越强，其联想力就越丰富，就越能把

意义上差距很大的两个事物或概念联结起来，生成新知识、新见解。

联想作为探索未知的一种创造性思考活动，它是关于事物之间存在普遍联系观点的具体体现和实际运用。没有存在于事物之间的客观联系，联想就很难发生，离开了事物之间客观联系的联想只是幻想。所以，要想提高联想能力、获取丰富的联想，就要广泛地参加实践、接触和了解事物，然后，把许多实际经验、知识信息储存在大脑里，使大脑建立起许多暂时的联系，当大脑需要联想时，大脑就会把各种信息调动起来，建立各种各样的联系，由此而产生丰富的联想，进行创造性思考活动。

训练1：概念联想式训练法

培养和训练联想能力一般采用"概念联想法"的方式来进行。概念是对事物本质属性的描述，是人们经常使用的思考单元，而概念和概念之间的关系反映了客观事物之间的常见关系，这就为开展概念联想法创造了条件。

联想可以在特定的对象中进行，也可在特定的空间中进行，还可以进行无限的自由联想。而且这些联想都可以产生出新的创造性设想，获得创造的成功。

我们还可从联想的不同类型，发现不同的联想方法，去进行发现、发明和创造。联想的方法一般包括对比联想、相似联想、接近联想和强制联想。

训练2：接近联想法

所谓接近联想，就是指在时间上和空间上相互接近的事物之间形成的联想。由于时间和空间是事物存在的形式，所以时间上接近的事物，总是和空间上接近的事物相互联系着的，反之亦然。例如：

小足球运动→生产小足球

一提起火烧赤壁，人们自然会联想到《三国演义》，周瑜、曹操等。因为，他们具有空间和时间上的接近因素。如果提起火烧圆明园，你则会联想到八国联军、慈禧太后等。门捷列夫也正是应用这种接近联想，发现了化学元素周期律并制成元素周期表。他认为，化学元素原子结构的特殊性可按一定次序排列，按次序排列的元素经过一定的间隔（周期）它们的某些主要属性就会重复出现。而在每一间隔范围内一定的属性是逐渐变化的，如果这种逐渐性为突然的跳跃所中断，那就一定应该有个未知的元素存在，来填补这个空位。门捷列夫靠上述接近联想（空间接近），提出了关于元素周期的大胆设想。后来，经过实验验证理论计算，证实了这种设想是正确的。

训练3：对比联想法

发明者由某一事物的感知和回忆引起跟它具有相反特点的事物的回

忆，从而设计出新的发明项目，这就叫做对比联想法。

发明者在进行联想构思时，联想构思的结果可能是已有的发明项目，也可能是有意义的新发明项目，也许是无意义的联想。

由某一事物的感知和回忆引起和它具有相反特点的事物的回忆，叫做对比联想。例如，黑与白，大与小，水与火，黑暗与光明，温暖与寒冷。每对既有共性，又具有个性。

例如，黑暗亮度小，光明亮度大，都是表示亮度。对比联想具有背逆性，这里用了逆向思考。对比联想还具有挑战性。例如，吸鸦片有害人的健康，而用鸦片有时能给人治病，这二者也是对比联想关系。

对比联想又可分为下列几种：

（1）从性质属性的对立角度进行对比联想。日本的中田藤三郎关于圆珠笔的改进就是从属性对立的角度进行思考才获得成功的。1945年圆珠笔问世，写20万字后漏油，改进后制成的笔，恰好油被使用完，就可以把圆珠笔扔掉。这里就运用了对比联想法。

（2）从优缺点角度进行对比联想。发明者在从事发明设计时，既看到优点和长处，又要想到缺点和短处，反之亦然。

铜的氢脆现象使铜器件产生缝隙，令人讨厌。铜发生氢脆的机理是：铜在500℃左右处于还原性气氛中时，铜中的氧化物被氢脆这无疑是一个缺点，人们想方设法去克服它。可是有人却偏偏把它看成是优点加以利用，这就是制造铜粉技术的发明。用机械粉碎法制铜粉相当困难，在粉碎铜屑时，铜屑总是变成箔状。把铜置于氢气流中，加热到500℃～600℃，时间为1～2小时，使铜屑充分氢脆，再经球磨机粉碎，合格铜粉就制成了。这里就运用了对比联想。

（3）从结构颠倒角度进行对比联想。从空间考虑，前后、左右、上下、大小的结构，颠倒着进行联想。例如，中国当代数学家史丰收就是运用此种对比联想。一般人进行数学运算都是从右至左、从小到大进行运算，史丰收运用对比联想，反其道而行之，从左至右、从大到小来进行运算，运算速度大大加快。

再者，日本索尼公司的工程师，运用对比联想，由大彩电开始进行对比联想，制成薄型袖珍电视机，显像管只有16.5毫米。

（4）从物态变化角度进行对比联想。即看到从一种状态变为另一种状态时，联想与之相反的变化。

18世纪，拉瓦把金刚石煅烧成CO_2的实验，证明了金刚石的成分是碳。1799年，摩尔沃成功地把金刚石转化为石墨。金刚石既然能够转变为石墨，用对比联想来考虑，那么反过来石墨能不能转变成金刚石呢？后来终于用石墨制成了金刚石。

训练4：相似联想法

相似联想就是“在性质上或形式上相似的事物之间所形成的联想”，又可称类似联想，这种联想也可运用到创造发明过程中来。

1957年10月4日，苏联运用相似联想法，成功地发射了世界上第一颗人造地球通讯卫星，这颗卫星就是世界上第一艘太空船。

我国著名思考学家张光鉴先生认为："大至宇宙星系之间，小至每个原子运动形式都存在着大量的相似之处。"因此，相似思考是普遍存在的，它对我们的工作和生活有着极为重要的作用。他举例说道：客观世界到处是相似的痕迹和联系。即使是人类科学发展史和社会发展史都如同史学家惊叹的那样，"呈现着惊人的相似"。比如，大多数的民族都不约而同地经历过石器时代、陶器时代、铜器时代、铁器时代等。社会形态都经过了原始社会、奴隶社会、封建社会、资本主义社会等。不但社会宏观的发展过程有如此之多的相似，就连许多理论和技术应用过程中，人们也常常使用相似联想进行创造性活动。例如，人们由于蒸汽推动壶盖运动产生的相似联想而发明了蒸汽机。人们又把蒸汽机装在车上出现了火车，装在船上出现了轮船，用蒸汽机带动纺织机，出现了动力纺织机，装在动力厂发出了强大的电力，使生产力为之飞跃发展，从而出现了文明史的最有意义的一次产业革命运动等。

训练5：自由联想法

这是在人们的心理活动中，一种不受任何限制的联想。这种联想成功的概率比较低，大都能产生许多出奇的设想，但都难以成功，可有时也往往会收到意想不到的创造效果。

荷兰生物学家列文虎克就曾从自由联想中发现了微生物。那是1675年的一天，天上下着细雨，列文虎克在显微镜下观察了很长一段时间，眼睛累得酸痛，便走到屋檐下休息。他看着那淅淅沥沥下个不停的雨，思考着刚才观察的结果，突然想到一个问题：在这清洁透明的雨水里，会不会有什么东西呢？于是，他拿起滴管取来一些水，放在显微镜下观察。没想到，竟有许许多多的“小动物”在显微镜下游动。他高兴极了，但他并不轻信刚才看到的结果。过几天后，他再接雨水观察，又发现了许多“小动物”。于是，他又广泛地观察，发现“小动物”在地上有，空气里也有，到处都有，只是不同的地方“小动物”的形状不同，活动方式不同罢了。

列文虎克发现的这些“小动物”，就是微生物。这一发现，打开了自然界一扇神秘的窗户，揭示了生命的新篇章。列文虎克正是通过自由联想而获得这一发现的。

训练6：焦点联想法

还可围绕“焦点”进行串想。所谓串想，就是按照某一种思路为“轴心”，将若干想象活动组合起来，形成一个有层次的、有过程的并且是动态（发展）的思考活动。

在爱因斯坦创立相对论时，可清楚地看到上述思考技法的应用。爱因

斯坦在做了大量的基础准备、理论积累之后，运用串想思考技巧进行了他的理论创造。他是这样进行串想的：

首先，他想象在所有相互做匀速直线运动的坐标系中，光在真空中的传播速度都是相同的（即光速的不变性）。接着，他又想象，在所有相互做匀速直线运动的坐标系中，自然定律都是相同的。于是，最后他就想象到光线在引力场中会发生弯曲。就这样，在一系列丰富联想之后，爱因斯坦再把各种联想有机地“串联”起来，揭示出宇宙发展的最深刻逻辑关系，并由此创立了相对论。

爱因斯坦的思考活动，正是表现了一个完整的联想思考过程。

为此，古希腊哲人亚里士多德早在两千多年前就指出：只有不断使自己的思考从已存在的一点出发，或从已知事物的相似点或相近点或相反点出发，才能获得对事物的新的看法，世界由此才会得以前进。

联想的方法是很多的，我们还可以从对象的因果联系上去进行联想，也可依据事物的同类原则去进行联想，还可以从事物之间相关特性去进行联想。各种各样的联想方法都是可以产生出创造性设想的，获得创造的成功。这里关键不是运用哪一种联想方法，而关键在于，我们要解决什么问题？需要进行什么创造？要达到怎样的目的？或者什么样的预期目的都没有，只是想有所创造发明。那么，我们就应根据各自的不同要求和想法，有意地或无意地去进行联想，从联想产生的设想中去获得创造成功。

训练7：强制联想法

它是与自由联想相对而言的，是对事物有限制的联想。这限制包括同义、反义、部分和整体等规则。一般的创造活动，都鼓励自由联想，这样可以引起联想的连锁反应，容易产生大量的创造性设想。但是，具体要解决某一个问题，有目的地去发展某种产品，也可采用强制联想，让人们集中全部精力，在一定的控制范围内去进行联想，也能有所发明和创造，在创造活动中，这类创造发明的例子也是屡见不鲜的。

以“什么是创造性思考”这个问题为例，我们用螺旋形贝壳来当做思考的相似物，作强制性的相似联想。

贝壳的属性	与创造性思维的相似性
螺旋形的	创造性思维不是一种直线型的思考过程，而是需要归聚的焦点
天生自然的	创造性思维来自人类天性
坚硬的	即使最困难的难题也能由创造性思维加以解决
中间是空的	创造性思维能透视人类的躯壳
圆形的	创造性思维是一种连续不断的过程
一端开口	非创造性思维只产生一种思路
看起来像弹簧	创造性思维是一种有弹性的思考，思考越是伸展，潜能就越能发挥
图案有催眠作用	创造性思维消耗人的精神
扩展的外形	创造性思维扩展人的心胸
很大的开口	创造性思维对一切开放
天然的美	创造性思维是人类美丽天性的一部分

上面就是螺旋形贝壳的特性，引发我们对“什么是创造性思考”这个问题产生的一些新的领悟，从中可以看出哪些是明显的，哪些是相似的，哪些是新观念。

非常测试：你有联想思考能力吗

请对下列各题作出最适合你的选择。

（1）在命题作文练习中，你是否一看到题目就能联想到可以使用的大量素材？

A.通常能　　B.有时能　　C.通常不能

（2）你喜欢使用比喻吗？

A.是　　B.说不准　　C.不

（3）新认识一个人，你常常一下子就从他的外貌联想到另一个认识的人或某位公众人物吗？

A.是　　B.说不准　　C.不

（4）你想问题好钻牛角尖，即常常只想到一个可以使用的思路吗？

A.不　　B.说不准　　C是

（5）看小说时，你大脑中常常会浮现出主人公的形象吗？

A.是　　B.说不准　　C.不

（6）你善于举一反三吗？

A.是　　　　B.说不准　　　　C.不

（7）出了一件意外的事后，你常常在很长时间里没有想到可能引起的一系列后果吗？

A.不　　　　B.说不准　　　　C.是

（8）做事时，如果一种办法没有取得效果，你很快就能想到另一些可以使用的方法吗？

A.是　　　　B.说不准　　　　C.不

（9）你善于旁征博引吗？

A.是　　　　B.说不准　　　　C.不

（10）你曾使用代数方法来解几何题吗？

A．是　　　　B.说不准　　　　C.不

（11）你曾使用几何方法来解代数题吗？

A．是　　　　B.说不准　　　　C.不

（12）一题多解对你来说是件轻松的事吗？

A．是　　　　B.说不准　　　　C.不

（13）在与同伴讨论时，你常使用类比方法来说明你的观点吗？

A．是　　　　B.说不准　　　　C.不

（14）现实中一些人的作为常常令你想起小说或影视中的人物吗？

A．是　　　　B.说不准　　　　C.不

（15）你常给同学起绰号（包括在内心起的）吗？

A．是　　　　B.说不准　　　　C.不

下面请你准备好纸和笔，把一个钟表放在前面。然后以每道题5分钟的速度开始完成以下一些问题（各题的答题时间不能相互挪用），并作出相应的选择。

（16）请你尽可能多地写出含有三角形的各种物品，并统计写出的种数。

A.少于8个　　B.8～15个　　C.16～30个　　D.30个以上

（17）请你尽可能多地写出小孩与杉树的共同点，并统计写出的共同点种数。

A.少于5个　　B.5～10个　　C.11～20个　　D.20个以上

（18）请你尽可能多地写出一对双胞胎姐弟的差异，并统计写出的差异种数。

A.少于5个　　B.5～10个　　C.11～20个　　D.20个以上

（19）请你尽可能多地写出水的各种可能的用途，并统计写出的用途种数。

A.少于5个　　B.5～10个　　C.11～20个　　D.20个以上

（20）请你尽可能多地写出人与牛各种可能的联系，并统计写出的联系种数。

A.少于5个　　B.5～10个　　C.11～20个　　D.20个以上

分数分配：

第（1）～（15）题中，答A记2分，答B记1分，答C记0分。第（16）～（20）题中，答A记0分，答B记2分，答C记4分，答D记6分。各题得分相加，统计总分。

得分分析：

（1）0～19分：你的联想思考不佳。你的思考内容贫乏，遇事常会陷入无计可施的尴尬境地。

（2）20～40分：你的联想思考能力一般。

（3）41～60分：你的联想思考能力较好。你的联想丰富，心中常常有很多想法。这么多的想法有时倒也令你为难：哪种想法最为合理？该按哪种想法做最好？

（1）通过联想把下列词语联系起来。

①鸟——书；

②铁——月饼；

③纸——土；

④树——皮球；

⑤战争——火星。

（2）做一下这种练习。

在你每天坐车上学或是回家的时候，坐在车里，想象一下你回家的路线的平面图。在你的脑子里出现一幅地图。你还可以想象如果你此时正在

直升机里，你在空中看到的这幅画是什么样子的。在你的脑海中把这幅图画想象出来。注意方向的转化和你所熟悉的路边的沿标。到家或者到学校以后，把你头脑中的这幅图画在纸上，然后把这幅图画和真正的地图相比较，如果你的空间想象和思考能力好的话，你画出来的图应该和真正的市镇地图差不多。

第十九章

移植思考法：他山之石可攻玉

魔法思考题

一日，一个人想知道从他家到朋友家的距离。可自己也不是专门的测量人员，便决定用大小一样的步子来测量，前一半路是2步一数，后一半路是3步一数。2步一数比3步一数多数250次。请问他家到朋友家共有多少步？

原理

移植思考，源于植物学。在植物栽培过程中，人们为了某种需要，常把植物从一处移植到另一处。后来，“移植”一词有了更广泛的含义，人们把某一事物、学科或系统已发现的原理、方法、技术有意识地转用到其他有关事物、学科或系统，为创造发明或解决问题提供启示和借鉴的创造活动称为移植。它在人类的早期创造活动中曾起过重大作用，在现代科学技术和创造发明中，它仍扮演着不可或缺的角色，并向更广、更深的方向发展。英国学者贝弗里奇指出：“移植是科学发展的一种主要方法……重大成果有时来自移植。”创造心理学家鲁克认为：“运用解决一个问题时获得的本领去解决另外一个问题的能力极为重要。”鲁克所推崇的这种能力就是移植能力。

现代科学技术的发展，使得学科与学科之间的概念、理论、方法等相互渗透、相互转移，从而为移植法的应用带来了广阔的前景。当我们在创造过程中需要解决问题时，就可以思考能否运用其他领域已成熟的技术，这比局限在自己所处的领域里苦思冥想要好得多。因为移植法的“拿来主义”和“为我所用”的基本原理和特征，更容易使我们绕过重复思考、重复研制的泥坑，实现以“他山之石，攻己之玉”的目的。因此，移植法的

实质是借用已有的创造成果进行新目标下的再创造，是使已有成果在新的条件下进一步延续、发挥和拓展的重要方法。

最初人们怎么会想到把一物移植到另一物之上的呢？人们的任何行为都是受到其观念支配的，因此指导人们进行移植实践的是思考方法。一般来说，移植是由联想来牵线搭桥的，没有联想就没有移植。

1.有可“移”之物引发移植

移植有两种：一是先见到可“移”之物，触景生情，引起联想。例如，盲文的发明就是属于这一类。

在许多年之前，法国海军巴比尔舰长带着通信兵来到一所盲童学校，向孩子们表演夜间通讯。由于漆黑的夜晚，眼睛是用不上的。于是，军事命令被传令兵译成电码，在一张硬纸上，用“戳点子”的办法，把电码记下来。而接受命令的一方的士兵，用“摸点子”的办法，再译出军事命令的内容。这一表演引起盲童布莱叶的极大的兴趣。对于他来说，“戳点子”和“摸点子”就是“可移”之物。于是，他反复研究，终于发明了“点子”盲文，并一直沿用到今天。

2.有需要去移植

另一种是根据移植的需要，去寻找“可移”之物，通过联想而导致移植发明的成果。压缩空气制动器的发明就是一例。

火车发明后，由于制动器的力量太小，在紧急的情况之下，常由于刹不住车而发生重大的交通事故。有一个叫做乔治的美国青年，他目睹了车祸的发生，于是就萌发了要发明一种力量更大的制动器，这就是移植的需要。一天，乔治从当地的报纸上看到用压缩空气的巨大压力开凿隧道的报道，于是他想：压缩空气可以劈石钻洞，为什么不可以用它来制造火车制动器呢？就这样，乔治找到了“可移”之物。反复试验之后，22岁的乔治终于发明了世界上第一台压缩空气制动器。

移植法的应用不是随意的，而是有它自身的客观基础，即各研究对象之间的统一性和相通性；移植也不是简单的相加或拼凑，移植本身就是一个创造过程。

移植创造法的基本程序是：始于问题，通过移植对象的选择、移植方式的选择、移植技术方案设计，最终可获得创造成果。

训练1：选择移植对象

移植对象的选择是指移植“供体”与“受体”的确定，即将谁移植？移向何处？创造中的移植过程，就是移植对象由供体推及受体的过程。这里的供体和受体是相对的，与移植目的有关。

如果移植目的是为了推广转移科技成果，即主动地将已有的科技成果向其他领域拓展延伸，则移植的供体就是该项“科技成果”，受体为“其他领域”。在这种移植中，首先要搞清该项科技成果的基本原理及适用范围，然后思考这一科技成果在移植受体领域能否产生新的成果。

如果移植目的是为了解决某一创造问题，即为了用他山之石攻玉，则待解决的问题是移植受体，而引入的其他技术为移植供体。对于这种移

植，首先要分析问题的关键所在，即搞清创造目的与创造手段之间的不协调、不适应问题，然后借助联想、类比手段，找到移植对象。

进行移植创造时，要注意移植供体与受体之间的统一性、层次性和具体性。

移植不是把某一事物的原理、方法、技术等简单地搬用到另一事物上去，而是要掌握两者间的共性。移植成功的关键，正是这种统一性，否则就可能导致“机械论”和“还原论”。西方早期社会学家提出的“社会有机论”，把复杂的社会现象简单地比附为生物现象，就犯了这样的错误。移植受体与供体之间缺少必要的同一性，必然导致移植失败，或移植对象变异。

事物、理论、技术等的移植，不能在任何层次上随意进行，应注意移植供体和受体的层次性。事物、理论、技术等在同一层次上的相似点或相同点越多，移植成功的可能性越大。第二次世界大战以后，航空技术迅猛发展，喷气式发动机迅速取代螺旋桨发动机，但工程技术人员并没有轻易放弃螺旋桨发动机这一技术成果，而把它移植到高速快艇上，取得了成功。有时，移植的受体和供体似乎风马牛不相及，但它一定在某一层次或某一方面隐含着与供体的相关性，就可以移植。

移植的供体和受体之间既有共同性，也有特殊性。唯有共同性，移植对象才能从供体转移到受体；唯有特殊性，受体接受移植对象后，才能为自己开辟创新的道路。掌握供体和受体的具体特性，是移植创新的又一关键。“具体问题具体分析”的方法，应受到特别推崇。

运用移植创新时，要注意邻近学科的研究情况，以便发现“他山之石”。学科中的“门户之见”是影响移植的最大障碍。有的学者认为，在科学研究活动中，运用移植法的最大困难在于科学研究工作者有时不能够理解其他领域内的新发现对于自己工作的意义，这是很有见地的。

训练2：选择移植方式

实施移植创造通常采用直接移植、间接移植和推测移植等运作方式。

1.直接移植

直接移植是把一个领域的技术、原理直接“搬”到另一个领域，如拉链的发明源于取代鞋带，后来人们将拉链直接移植到衣、帽、书包等上面；将家用吸尘器的工作原理直接移植到汽车用吸尘器的设计上；将国外企业的全面质量管理技术直接移植到我国企业的经营管理上。这类移植比较接近于类比，它的创造程度相对较低。

2.间接移植

间接移植是把一事物的结构、方法、原理，加以某种改造，再扩散到其他事物或领域，以创造出新事物、开发出新领域。如有人把面包的发酵技术移植到橡胶工业中，发明出海绵橡胶，如果将此原理或技术移植到混凝土构件玻璃制品的制造工艺中，人们又会得到什么新东西呢？

在创造的过程中，由于技术水平或其他条件的局限，人们对研究对象的认识受到一定的限制，但对它的基本原理却有一定的认识。在这种情况

下，可以根据基本原理和已获得的少量信息，从其他领域的事物寻求启发，进行推测移植，以创造出新事物或新技术。如在对引进的国外先进机电产品进行反求设计时，需要推测其中的关键技术，以开发同类新产品，这时就用到推测移植。

无论哪种方式的移植，在实施中都要对被移植的技术要素(如原理、方法、结构等)进行分析，以便在技术层面上得到充分的实施。因此，在移植技术方式中又有所谓原理移植、方法移植和结构移植等。

3.原理移植

原理移植是将某种科学技术原理向新的研究领域类推或外延。二进制计数原理已在电子学中获得广泛应用，能否将其向机械学中移植，创造出二进制式的机械产品呢？事实上，人们已在这方面获得了许多新成果，如二进制液压油缸、二进制工位识别器、二进制凸轮转动等。这些新成果已广泛应用于各种自动化机械中。

4.方法移植

方法移植是指具体的操作手段或工艺方面的移植。例如，将金属电镀方法移植到塑料电镀上来，将自然科学的研究方法(如定量研究)移植到社会科学里来(如计量史学)等。

5.结构移植

结构移植是将某种事物的结构形式或结构特征向另一事物移植。如人们将积木玩具的结构方式移植到机床领域，创造了组合机床、模块化机床。再如，常见的机床导轨为滑动摩擦导轨，如果在摩擦面间安置滚子，则得到滚动摩擦导轨。与普通滑动导轨相比，滚动导轨具有运动灵敏度高、定位精度高、牵引力小、润滑系统简单、维修方便(只需换滚动体)等优点，从创造思路上分析，可认为这种新型导轨是平面滚动轴承结构方式的一种移植。

应用1：移植与类比的协同

在应用移植法时，往往要借助类比法的启示，或直接以类比法的应用为前提。要类比某一研究对象的已知东西，移植应用到有些属性尚不清楚的其他研究对象上，必须设法找出这两个看起来仿佛不相干的对象之间的某些共同点或相似点。两者之间的共同点或相似点越多，移植的客观基础就越坚实。在一定观察实验的基础上，类比法可以满足移植法的这种要求。因为类比法能够根据两个不同对象之间的某些属性的相似，推出其他方面可能隐含的共同点或相似点。这样，通过类比推理，把一个研究对象的某种概念、原理或方法应用于另一研究对象的相似方面，正好为沟通两个研究对象，创造性地应用移植架设了一座桥梁。

但是，由于类比是一种由特殊到特殊的推理，难免带有某些想象、猜测的成分，使得类推的结果难免带有偶然性。这样，借助类比的启示和沟通所实现的移植，又决定了移植法在很大程度上是一种试探性方法。创造性和试探性的统一，是移植法的一个突出特点。因此，应用移植法时要注意对移植对象和需求对象有充分的了解，并准确把握移植的限度。比如，

打算将方便面的制造技术移植到方便米粉的开发上来，就应当对“面”与“粉”的制造特性有所了解，因为小麦与大米的属性毕竟是有差别的，简单地照搬方便面的工艺流程到方便米粉的制造上，可能会难以如愿。

再如，人的心脏运动虽然像唧筒一样，包含有简单的力学原理。心肌活动伴有生物电的变化，并受到神经系统的支配。因此，将力学原理移植到人工心脏的研究开发上，就不那么容易实现“拿来主义”。就是说，移植法的适应范围是会受到一定客观基础与主观认识的限制的。移植的跨度越大，这种限制表现得越突出。因此，准确地把握移植的限度，是运用移植创造法必须注意的问题。

应用2：移植并非随意，要符合客观规律

移植思考方法的应用关键在于“移植”，然而移植的应用并非是随意的，必须认识移植思考方法的特点和规律。一般来说，移植思考方法的特点有三个。

1.相容性

这一点在动物的器官移植上，表现得尤为明显。近些年来，可以把一些人的眼睛、心脏、肾脏等器官，成功地移植到另外一些人身上。但是，这些移植必须有一个前提，即移植和被移植体之间必须有相容性，不产生“排异”现象。

2.相通性

即事物之间彼此连贯沟通，能够通过某种中介把它们连接成为一个整体。

3.优化性

移植不是为了移植而移植，追求优化和高效是它明显的特点。

移植思考方法是科学研究中最简便、最有效的一种方法，也是应用最广、最多的方法。无论是科学研究工作者还是实际工作者，只要掌握了移植思考方法的要点，留心世事，就能够巧妙地运用移植思考方法，做到有所发现、有所发明、有所创造。

一群小孩子在吹牛。小东说："我爸爸能够猜对大多数人的血型。"小龙立刻说："我妈妈一听人家说话，就大概能够猜中那个人是什么地方的人。"小东跟着说："我爸爸只要看到客人买的东西，就能够猜到那个人的名字。"为什么？

答案：

小东的爸爸开印章店。

第二十章

观察思考法：探幽索微求真相

魔法思考题

古代埃及流传着这样一道题：“一群大雁在飞，一只大雁碰上它们，叫道：‘你们好，100只雁！’带头的大雁立即回答道：‘不，我们不是100只大雁，如果我们增加100%，再增加50%，再增加25%，最后再加上你，才够100只，你说我们有多少只？’”你知道答案吗?

原理

一般认为创造能力主要是由创造观察能力、创造性思考能力和创造实践能力组成的，三者缺一不可，否则是不可能产生成果的。创造性观察能力，就是对客观事物进行创造性的观察，从普遍存在的事物中发现出奇异的东西。这正是法国杰出的现实主义雕塑家罗丹所言：“大家望着的东西，大师是用了自己的眼睛去看的。常人习以为常的事物，大师能窥见它的美来。”“拙劣的艺者，常戴着别人的眼镜。”这里所说的大师是指米开朗琪罗这些欧洲雕刻史上的巨匠们，他们之所以窥见常人看不到的美，是因为他们具有创造性的观察能力。

观察是人的视觉器官的功能，尽管人们无时无刻不对周围的事物进行观察。但是大多数都是自发的行为，除了极少数的专业研究人员以外，绝大多数的人是为了适应生存的需要。为了学会观察，使之成为自觉的创造力活动，必须认识这种思考方法的特点，以提高我们应用创造观察思考的能力。

关于科学观察，可以分为直接观察和间接观察，前者是通过视觉器官对客观事物进行考察的方法，后者则是借助观察仪器对客观事物进行考察。

用感观直接观察或是感知客观事物是每个人与生俱来的一种本能。仅就感知能力而言，并不是人类所独有的一种能力，动物也具有感知，如它们饥饿的时候会到处去寻找食物，感到寒冷的时候会躲进洞穴，受到死亡威胁的时候它们会逃遁，等等。然而，作为感知功能的最主要的观察能力，只有人才具有。人类正是凭借这种独有的创造性的观察能力，才把其视野拓展到无限广阔的宇宙，深入到物质的外观世界，从而产生了一系列伟大的发明和创造。

伊凡·彼得洛维其·巴甫洛夫是俄罗斯著名的生理学家。他长期进行消化生理研究，设计了巴氏小胃等手术方法，对未麻醉动物消化液分泌等功能进行终身观察。多么执著可贵的观察精神！由于他对消化生理的研究贡献，他获得了1904年诺贝尔生理和医学奖。进而又从唾液腺的精神性兴奋出发，转移到对高级神经活动的研究，从而创立了条件反射学说，证明语言功能为人所特有，并且是以语言的刺激作为条件反射的。

他是成功的科学家，他的成功最主要的原因在于观察，他把自己的座右铭“观察，观察、再观察”贴在实验室的墙上，时刻勉励自己。

训练1：连续观察

无论是物质运动抑或是思考活动，一般都具有连续性，由量变到质变。因此，无论是对客观事物的观察或是进行科学试验，都应该坚持连续性，从而发现新奇的现象，总结出新规律，发明新理论。

哈佛学子、中国著名的气象地理学家竺可桢先生，从年轻时候便坚持每天测量气温、气压、风向等气象数据，长达半个多世纪，共记录了40多本资料。他集毕生心血在晚年出版的《物候学》，体现了他全面系统地观察我国气候变迁的丰硕成果。

训练2：重点观察

在对客观事物进行观察时，无论是目测抑或是借助科学仪器观察，有时无法对事物的整体进行观察，而只能选择有典型意义的样本进行观察，进而用数理统计的方法，求出总体的统计规律。

在生物学的研究中，奥地利遗传学家孟德尔选择用豌豆作为植物杂交的典型试验材料，创立了现代遗传学说。因此，善于选择典型，仔细观察典型样本，是培养创造性观察思考能力的一个重要方面，必须自觉地学习和应用。

训练3：异常之处注意观察

在对客观事物尽心观察或者是在自然科学试验中，往往从观察到的反

常现象入手，经过深入研究进而促使科学发现与发明的历史是不胜枚举的。最典型的代表就是青霉素的发现，它虽然产生于偶然，但它却是孕育于必然之中的。

英国细菌学家富莱明1922年从某种植物和动物的分泌液中，发现了一种被称做“溶菌酶”的杀菌物质。1928年他在研究培养葡萄球菌时，发现了培养皿中完全没有生长葡萄球菌，却长出了许多绿色的真菌，这是一个反常现象，他要探究个中原因。经过艰苦的研究，发现这种绿色的真菌能灭杀葡萄球菌，因为是绿色的，所以命名为青霉素。这的确是一个重大的发现，后来经过澳大利亚病理学家弗洛里的研究，肯定了它的价值，并把它作为一种抗生素广泛应用在医疗上，从而挽救了无数人的生命。由于这项发现的重大意义，他们两个人共同获得了1945年诺贝尔生理和医学奖。

正常人的观察力虽然是与生俱来的，但这只是常规的观察力，如果要使它上升为创造性观察力，还需要有意识地进行培养。事实上，人的观察能力是随着年龄的增长、知识与经验的积累、创新意识的强化以及审美能力的提高而不断提高的。

培养观察思考能力的方法很多，应当广泛地、经常性地进行。例如，学习绘画，参加旅游和科学考察活动，组织开展气象和天文观察活动，培养人对自然科学试验的兴趣和操作能力，等等。随着现代科学观测技术的发明和运用，人类的观察范围向着无限广阔的宇宙和极为精微的物质结构的内部两个方向发展，从而有了越来越多的发明和创造。

美国耗资15亿元研制的“哈勃”空间望远镜于1990年发射，设计寿命为15年。这个被誉为“太空千里眼”的仪器，已在太空中飞行了16亿公里的航程，为20多个国家的2000多名科学家进行了11万次的观测，创造了不计其数的新发现。又比如，关于宇宙中存在着“黑洞”的说法，已经流行数百年了，但是一直无法得到科学的证实。而在几年以前，据来自“哈勃”空间望远镜发回的资料，科学家们首次找到了“黑洞”世界存在的直接证据，并推测“黑洞”很可能普遍存在于星系的中心部分。

有关观察力的小测试。

对于下面的各组题目，请选择1个最符合你情况的答案——A：完全是 B：基本上不是 C：有时是 D：基本上是 F：完全不是。

（1）我常常进行有目的的观察。

（2）我观察时爱动脑思考。

（3）我观察事物时耐心细致。

（4）我常把观察的心得体会记下来。

（5）我在观察前常常做好充分准备。

（6）在观察过程中，我善于发现或容易忽略一些东西。

记分方法：

对上述问题，如果你回答A得5分、B得4分、C得3分；D得2分、E得1

分。将各题的得分加起来。

结果分析：

23～30分，观察水平很高；21～25分，观察水平良好；16～20分，观察水平一般；11～15分，观察水平较差；5～10分，观察水平很差。

第二十一章

回溯推理思考法：逆流而上溯源头

魔法思考题

“老字号”的亨得利钟表店招收10名学徒，要求每个人都要有高中毕业以上的文化程度。考试那天，经理出了一道考题：时钟在3点时，敲了3下，共用3秒钟。请问7点时时钟敲7下要花多长的时间？

原理

回溯推理法又称溯源推因法，有广义和狭义两种理解。广义地理解回溯推理法是根据事物发展过程所造成的结果，推断形成结果的一系列原因的整个逻辑思考过程。而狭义地理解回溯推理法则是指从事物的结果推断其原因的一种思考方法。简而言之，回溯推理思考方法就是从事物的“果”倒回到事物的“因”的一种方法。这种思考方法的应用极其广泛，尤其是在案件的侦查工作上。在实际思考中，要结合运用其他思考方法、观察方法、实验方法，经过正确的推导才能成功。

回溯推理是由结果追溯原因。具体做法是，依据某个已知的结果，结合与此相关规律性知识，推断出产生这一结果的原因。（由结果推测原因）

P已知的现象（结果）

C→P推理者已知的一般性知识

C该已知现象的原因或条件

提高结论可靠性的逻辑要求：设法排除与结论不相关的原因。

我们从上面的定义已经看到，回溯推理思考方法最主要的特征就是因果性，在通常情况下，由事物变化的原因可知其结果；在相反的情况下，知道了事物变化的结果，又可以推断导致结果的原因。因此事物的因果是

相互依存的，同时也是辩证的。

在20世纪初，非洲流行着一种可怕的昏睡病，许多当地人患了这种疾病以后，就陷入无休止的睡眠当中直到死去。在这里，死是结果，而昏睡病是导致死亡的原因。

为了治疗这种疾病，有人给患者服用一种叫做阿托品的化学药品，虽然将导致昏睡病的锥虫杀死了，但患者病愈后却常常伴有双目失明的痛苦。从因果关系上看，杀死锥虫和失明都是“果”，而“因”是服用阿托品所致，可以说这个是一因二果。面对这样的结果，德国细菌学家埃尔立西设想：能不能把“阿托品”的化学结构改变一下，使一因二果变成一因一果，即只是杀死锥虫而不至于损害视觉神经？埃尔立西经过无数次的试验，终于和日本学者秦左八郎一起发明了砷制剂“606”，成为治疗昏睡病的有效药物，为化学疗法的发展作出了重要的贡献。

训练：学习培养回溯推理能力

回溯推理思考方法既然是一种科学的思考方法，那么就可以通过学习来进行培养，当然也可以通过某些方式来进行自我的训练。例如，多读一些侦探小说、武侠小说，就有利于回溯推理思考能力的提高。英国著名作家阿·柯南道尔著的《福尔摩斯探案全集》就是一部十分精彩的侦探小说，可以说是一部回溯推理的好教材，不妨认真一读。该书的结构严谨，情节跌宕起伏，人物形象鲜明，逻辑性强，故事合情合理。阅读以后，人们不禁要问：福尔摩斯如何能够出奇制胜的呢？原因就在于他掌握了回溯推理这个行之有效的思考方法。其他的影视作品还包括《名侦探柯南》《金田一》等，在休闲之余，这些作品能帮助我们进行回溯推理思考能力的训练。

正如福尔摩斯所说："只有少数的人，如果你把结果告诉他们，他们就会通过内在的意识推断出之所以产生这种结果的各个步骤是什么，这就是在我说到'回溯推理'或者'分析方法'时所指的那种能力。"他还说："一个逻辑学家不需要看到或者听说过大西洋或尼加拉瀑布，他能从一滴水推测出它有可能存在。所以整个生活就是一条巨大的链条，只要见到其中的一环，整个链条的情况就可以推想出来了。"作者借福尔摩斯之口说出的这一段话，说明了回溯推理思考方法的妙用，这也正是我们通过训练回溯推理思考方法所要获得的那种能力。

应用：由"果"及"因"，回溯推理广泛使用

回溯推理思考方法的应用极为广泛，以下仅介绍几个主要的方面。

1.对地球、天体的观察以及考古发掘方面的应用

由于地球和天体不仅存在的时间相当久远，而且体积也十分硕大，因此人们不可能对它进行直接测试，大多是利用回溯推理的方法对它们进行

研究。例如，银河系的寿命有多大呢？根据对陨石的测定，用回溯推理的方法推知银河系的年龄大概为140亿～170亿年。又根据对地球上最古老岩石的测定，推知地球大概有46亿年的历史了，而且在漫长的演化过程中，经历了“天文时期”和“地质时期”两个阶段，从而形成了原始的地球。

2.在科学发现与发明上的应用

自20世纪80年代中期以来，科学家们发现臭氧层在地球范围内有所减少，并在南极洲上空出现了大量的臭氧层空洞。此时，人们才开始领悟到人类的生存，正遭受到来自太阳强紫外线辐射的威胁。大气平流层中臭氧的减少，这是科学观察的结果。那么引起这种结果的原因是什么呢？于是科学家们运用了回溯推理的思考方法，开展了由“果”索“因”的推理工作。其实，1974年化学家罗兰就认为氟氯烃将不会在大气层底层很快分解，而在平流层中，氟氯烃分解臭氧分子的速度远远快于臭氧的生成过程，造成了臭氧的损耗。这就是说，氟氯烃是使大气中臭氧减少的罪魁祸首，是出现臭氧空洞的直接原因。

臭氧急骤减少，使紫外线长驱直入地辐射到地球表面，给人们带来的灾害是严重的。首先，人们一直崇尚的户外运动将受到限制，因为紫外线引起皮癌，造成白内障；其次，能诱发DNA的突变，进而导致知名的黑瘤病；再次，在世界范围内的农作物将受到严重影响，大豆将减产，鱼类面临生存危机……

3.在侦破案件方面的应用

由“果”推“因”的思考方法在侦查案件上特别有用，因为勘查现场的情况就是“果”，由此推测出作案的动机和细节，为顺利地侦破案件创造条件。

练习

请推理判断谁是罪犯？

清晨，海尔丁探长正在看骑手们跑马练习，突然从马棚里冲出一位金发女郎，大叫着："快来人啊！杀人啦！"海尔丁急忙奔了过去。

只见马棚里一位驯马师打扮的人俯卧在干草堆上，后腰上有一大片血迹，一根锐利的冰锥就扎在他腰上。

"死了大约有 8 小时了，"海尔丁自语道，"也就是说谋杀发生在半夜。"

他转过身，看了一眼正捂着脸的那位金发女郎，说："噢，对不起，你袖子上沾的是血迹吗？"

那位金发女郎把她那骑装的袖口转过来，只见上面是一长道血印。

"噢，"她脸色煞白，"一定是刚才在他身上蹭到的。我叫盖尔·德伏尔，他是彼特·墨菲。他为我驯马。"

海尔丁问道："你知道有谁可能杀他吗？"

"不，"她答道，"除了……也许是鲍勃·福特，彼特欠了他一大笔钱……"

第二天，警官告诉海尔丁说："彼特欠福特这笔钱确切的数字是15000美元。可是经营渔行的福特发誓说，他已有两天没见过彼特了。另外，盖尔小姐袖口上的血迹经化验是死者的。

"我想你一定下手了吧？"海尔丁问。

“罪犯已经在押。”警官答道。

答案：

罪犯是金发女郎。她自称血迹是“刚才在他身上蹭到的”，实际上那时彼特已经死了8个小时。他的血已经结冰，不可能会蹭到她的袖子上去。

第二十二章

立体型思考法：多维世界最精彩

魔法思考题

一个房间中，有10支已经点燃的蜡烛。风吹来，有两支被吹灭了。过了不久，又有一支被风吹灭了。为了挡住风，女主人把窗子关了起来，从此后，再没有一支蜡烛被吹灭。请问，最后还剩下几支蜡烛？

原理

立体型思考技巧，就是指通过多种多样的思考活动，从思考的各个角度出发，对事物进行多角度、多方面、多因素、多变量的系统思考。它包含以下几方面的要求：

一是思考可以从不同的方面、不同的角度、不同的逻辑起点、不同的思考程序来考察世界，而不拘泥于某一方面、某一角度。

二是它要求多种思考活动的并存性与联系性，即通过多种思考形式来揭示事物的多层次联系。

三是各种思考形式依据一定的条件相互转化，彼此之间不存在绝对界限。

下面我们简要介绍两种立体型思考方法的具体技巧。

训练1：纵横思考法

纵横思考法，是指我们在思考问题之前预先设计出一个纵横两根主轴

构成的框架，确立两组注意区域，用它们去考察特定的情景；反过来又用各种情况去填充每一个注意区域。其总体效应是防止思考的混乱，并保证使思考的每一个侧面都受到注意。

即在纵横两个轴线上，设计出相应的思考盒。

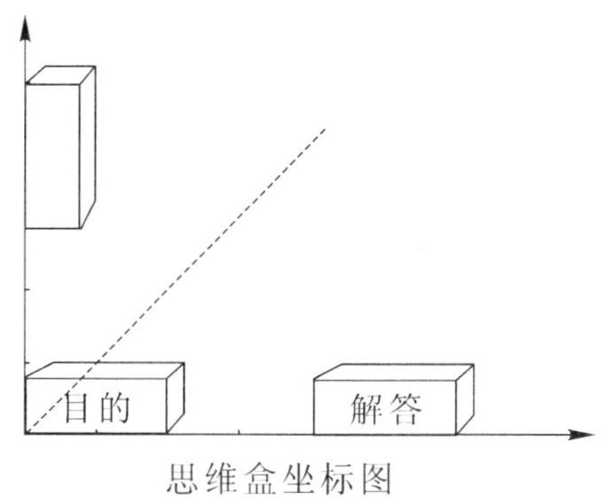

思维盒坐标图

每一个盒子都把注意力汇聚到一个具体的任务上，把注意力引向一个又一个区域，每注意一个区域时，只需考察该区域的特定情景或内容，比如横轴上的盒子1，只需要我们考虑“目的”这一内容，而不注意其他盒子的内容。横轴上的盒子2则要求我们注意“解答”（完成目的的手段、方式的选择）。纵轴上的几个盒子也是工具性的。它帮助我们对横轴上的内容作纵深的思考。通过纵轴盒子的几个阶段性思考，可以分别地对横轴上的盒子进行思考。

这种思考技巧可以帮助我们在思考问题时，注意力在特定的区域（盒子）上停留，可以保证某一特定思考的顺利进行；还可以通过纵横两轴的缜密思考，获得对问题的全方位的、多层次的思考，从而得到较满意的结果。

达尔文在研究生物与环境的关系时，他首先确立需要注意的两组区域：生物和环境，然后再看特定的情境，生物的特征与环境的特征相互比较，最后得出生物的形态结构与其生活条件的因果关系。他观察到：

第一，不同类的生物生活在相同的环境里，常常具有相似的形态和构造。

鲨鱼属于鱼类，鱼龙属于爬行类，海豚属于哺乳类，它们是很不相同的动物。但是由于长期生活在水中，环境相同，所以它们的相貌也相似，身体都是梭形，都有胸鳍、背鳍和尾鳍。

第二，同类生物生活在不同的生活环境里常常呈现不同的形态和构造。

鼠、狼、鲸和蝙蝠同属于哺乳动物，但由于生活环境不同，鼹鼠的形态适于地下生活，狼适于奔跑，鲸适于游水，蝙蝠适于飞翔。因此他得出结论，生活环境的相同和不同，是动物形态相同和不同的原因。

训练2：列举法

列举法也是一种帮助拓宽思路、把问题展开的方法，它从事物的各个方面加以罗列分析，寻求更好的解决途径。列举法包括特性列举、缺点列举和希望点列举等。主要是针对事物的特性、存在的问题、差距、优点、人们的需求和愿望等进行一一列举，不断地克服不足，加以创新和完善。

1.特性列举

美国的吉劳福教授认为："所谓创造就是要抓住研究对象的特性，以及与其他物体的替换。"可以采取单纯列举事物特性的办法，把注意力转向事物的每一个特性上。比如我们观察螺丝刀的普通特征，便可以列举出以下要素：

圆轴

钢质

木质手柄，手柄和圆轴之间用铆合连接

斜面末端配接在缝隙中

手工旋转

手腕提供旋转力

为了设计一把较好的螺丝刀，我们可以分别确定它的每一种特征，考虑改进措施。如圆轴可以改变成六边形的轴，以增加旋转力；我们还可以将木质的手柄换成塑料等绝缘材料，可以设法利用电力操作，如果使尖端能够更换，还可以变成多用的。我们可以就所涉及的每一个特征，构思出种种变体。

有句良好的祝愿，就是"心想事成"，也确实有许多人在努力把人们的愿望变成现实。为了实现使人飞上蓝天的愿望，人们发明了飞行器，现代又发明了航天飞机。

为了改造自来水笔的性能，我们首先可从各个方面列举对自来水笔的种种希望：

经常能出水

墨水滴不下来绝对不剐纸

能够使用两种以上的颜色

往哪面写都流畅圆滑

能随意写粗体字或细体字

装进口袋时比较小

笔尖永久不会磨坏

可以不戴笔帽

可以不上墨水

掉地下笔尖也不会折断或弯曲

笔尖粗细能调整

能看时间并在黑暗中书写

希望能有几种颜色

像这样列举出许多希望点之后，从中选出有用的，然后再来寻求实现改进的途径。比如，把钢笔做成带日历的透明杆双色钢笔，带电子表和手电的钢笔，带收音功能的钢笔、笔尖可粗细调整的钢笔，等等。

2.缺点列举

缺点列举法是一个极为重要而又普遍应用的方案设计技法。对某个事物存在的某观点产生不满，往往是创造发明的先导，只要把列举出来的缺点加以克服，那么就会有所发明有所创新。通过缺点列举训练，可以逐步树立创新志向，甚至可以直接导致发明创造。

比如，尽可能多地列举出玻璃杯的缺点。

容易碎，比较滑；盛开水后手摸上去很烫手，容易沾上赃物，有了小缺口会划破手，容易翻倒，活动时带在身边不方便，倒上热水后很容易凉，成套的玻璃杯花色相同，喝水人稍一不注意就分不清自己所用的杯子，有些鼻子较高的人用普通玻璃杯喝水，杯沿压着鼻子会感到不舒服……

雨伞给人带来生活上的方便，但存在缺点，比如：

遇到大风雨就挡不住了

有时遮挡视线，雨中行走容易出事故

携带不是很方便

伞的支架容易出毛病

晴天和雨天两用时，式样不能兼顾

……

针对其不足，人们可以考虑新的改进措施：

便于携带的折叠伞

增加伞面的图案

改变伞的形状，使之不挡视线

可做成两人用的、小孩用的或老人用的

可加装其他便于夜间或盲人使用的设备

……

3.希望点列举

希望点列举法是又一个重要的方案设计方法。人们对美好愿望的追求，往往会成为创造发明的强大动力。希望点列举就是把对某个事物——

“如果是这样就好了”之类的想法都列举出来：

看起来像立体，具有每个人都可以分开看的镜框式装置，想看的频道节目会自动出现，拍摄的东西想看时就会在眼前出现，能够看到全世界的节目，观看时可以调节画面的宽度，可以通过遥控选择节目，有香味的画面，像磁带一样，想看可以随时重放……

比如：

怎样的钢笔才理想？请尽量多地写出你的愿望

怎样的照相机才理想？请尽量多地写出你的愿望

怎样的电话才理想？请尽量多地写出你的愿望

怎样的城市才理想？请尽量多地写出你的愿望

怎样的汽车才理想？请尽量多地写出你的愿望。

怎样的食品才理想？请尽量多地写出你的愿望。

怎样的书包才理想？请尽量多地写出你的愿望。

怎样的衣服才理想？请尽量多地写出你的愿望。

怎样的教师才理想？请尽量多地写出你的愿望。

怎样的工厂才理想？请尽量多地写出你的愿望。

应用：跳出平面思考，走进立体世界

运用立体思考方法，是在对事物进行纵向和横向分析的基础之上，把分析所获得的各个层次、各个方面的认识，融合成为一个整体，形成新的认识，完整地揭示事物立体联系的原貌。自然中万事万物，大多都有立体的构象，因此立体思考方法在认识客观世界中有着非常重要的作用。

1.在自然科学中的运用

出席美国1998年科学年会的科学家和教育家认为，21世纪的教育应该把几何学放在头等地位。这是因为当代的许多高新技术，无论像C T扫描、磁核共振仪、多普勒彩色B超等医疗设备的成像技术，抑或是机器人、光盘、高清晰度电脑都离不开传统的和现代的几何学理论。换句话说，也就是需要广泛应用到立体思考方法。所以有人说：“21世纪的教育——几何学万岁！”

2.在创造发明中的作用

运用立体思考方法从事科学技术发明的一个典型例子，是对集成电路的研讨。

现代科学技术和军事装备中，经常要用到非常精确而且灵敏度很高的电子设备，而装备这些设备，往往需要几十万甚至几百万个晶体管、电阻、电容等电子元件。如果把数量如此之大的元件组装成设备，不仅体积庞大，携带和使用不便，而且设备的性能也受到极大的影响。怎么解决这个矛盾呢？能否把所需要的电子元件整体地制作在半导体的晶片上，从而制成具有特定功能的集成电子线路呢？

科学家们经过研究，把电子元件的平面式的接线方式改为立体式的连接，充分利用真空扩散、表面处理、掺杂等工艺，制成了平面型的包含晶体管、电阻、电容的固体组件，并且把这些很薄的固体组件通过层层重叠的方式组装起来，构成了微型组合电路。在经过了小型、中型和大型试验后，第一块大规模集成电路诞生了。在30平方毫米的硅晶片上，拥有13万个晶体管的电子线路。

很显然，如果没有立体思考方法的指导，那么就不会有集成电路的发明，也不会出现今天这样高度发达的微电子工业。

3.在建筑和交通上的应用

一幢结构别致的高楼大厦，其本身就是一个立体的景物。作为建筑设计师，必须具有丰富的立体观念，他们的每一幅设计产品，就是一种立体思考的再现。

现代化的大都市，随着人口的增加和私人汽车的普及，城市交通越来越拥挤。出路何在呢？发展立体交通是解决问题的出路之一。用立体思考方法来思考交通问题，突破了平面的限制，为解决地面交通拥挤提供了多种可能性。例如，地下铁路、地下隧道、双层公共汽车、高架桥车道、立交桥、地下停车场、立体车库等，从而极大地提高了空间的利用率。

4.在艺术创作上的作用

在以油画和雕塑为特色的西方艺术的创作中，立体思考方法更是具有举足轻重的作用。

在现代艺术史上，任何雕塑作品都没有《思想者》那么大的影响。《思想者》是罗丹在1880年创作的，先是泥塑的，后来由石膏模子铸成青铜像，高仅72公分，全世界仅有56尊。1902年，罗丹应雕塑家亨利·勒博塞的要求，制作了“巨无霸”式的《思想者》，高2公尺，重700千克。现在，已知的“巨无霸”式《思想者》雕像仅仅有22个。据拍卖商估计，如

果有一个真品到市场上拍卖的话，至少可以卖到1000万美元。

《思想者》是一件雕塑作品，栩栩如生，是作者立体思考的再现。《思想者》在思考什么呢？作者给我们留下了十分广阔的思考空间：如果他是艺术家，他可能是在想艺术创作；如果他是科学家，他一定是在想未来的世界到底是什么样子？总之，想什么并不重要，问题在于观赏者本人，你认为他在想什么。也许，这才是作者创作的主要目的。

（1）考虑一下买二手车需要注意的问题。

比如：价格、型号、公里数、车主情况、各部件情况、适用性怎样、是否便于维修等。再把你的目的、想法、资金、选择方案等一一结合起来考虑。

（2）记笔记的优点和缺点各是什么？你希望笔记起到什么样的作用，怎样改进你记笔记的方法？

（3）运用立体型思考法设计你的房间。

（4）想想看，在你的学习、生活和工作中还有哪些地方可以运用这个方法予以改进？

（5）考虑一下自行车的特性及其改进办法（如：样式、速度、零件、色彩、适用性等）。

第二十三章

穆勒五法思考法：玩转异同魔术牌

魔法思考题

一对男女并肩散步。首先，两人一起踏出右脚。其后，因为男士的脚步较长，他们便以男二步女三步的等速继续行走。请问，同时踏出第一步以后，要等到女士的第几步，两人才可又同时踏出左脚？

训练1：契合法

契合法的内容是：考察几个出现某一被研究现象的不同场合，如果各个不同场合除一个条件相同外，其他条件都不同，那么，这个相同条件就是某被研究现象的原因。因这种方法是异中求同，所以又叫做求同法。

契合法可用下列表格表示：

场合	先行情况			被研究对象
①	A	B	C	a
②	A	D	E	a
③	A	F	G	a
……	A	…	…	a

所以A是a的原因。

例如：1960年，英国某农场十万只火鸡和小鸭吃了发霉的花生，在几个月内得癌症死了。后来，用这种花生喂羊、猫、鸽子等动物，又发生了同样的结果。1963年，有人又用发了霉的花生喂大白鼠、鱼和雪貂，也都纷纷得癌而死，上述各种动物患癌症的前提条件中，对象、时间、环境都不同，唯一共同的因素就是吃了发霉的花生。于是，人们推断：吃了发霉的花生可能是这些动物得癌死亡的原因。后来通过化验证明，发霉的花生内含黄曲霉素，黄曲霉素是致癌物质。这个推断就是通

过契合法得出的。

契合法的结论是或然性的。为了提高契合法结论的可靠性，应注意以下两点：

（1）结论的可靠性和考察的场合数量有关。考察的场合越多，结论的可靠性越高。

（2）有时在被研究的各个场合中，共同的因素并不止一个，因此，在观察中就应当通过具体分析排除与被研究现象不相关的共同因素。

训练2：差异法

差异法的内容是：比较某现象出现的场合和不出现的场合，如果这两个场合除一点不相同外，其他情况都相同，那么这个不同点就是这个现象的原因。因为这种方法是同中求异，所以又称之为求异法。

求异法可用下列表格表示：

场合	先行情况			被研究对象
①	A	B	C	a
②	—	B	C	—

所以A是a的原因。

例如：100多年前，一艘远洋帆船载着五个中国人和几个外国人由中国开往欧洲。途中，除五个中国人外，全病得奄奄一息。经诊断，都患有坏血病。同乘一只船，同样是人，一样是风餐露宿，受苦挨饿，漂洋过海，为什么中国人和外国人却判若异类呢？原来这五个中国人都有喝茶的嗜好，而外国人却没有。于是得出结论：喝茶是这五位中国人不得坏血病的原因。这个结论就是用差异法得出的。

差异法是求异除同。运用差异法进行比较的两个场合一定要只有一点不同，其他情况都相同。这种条件在通常情况下是少见的，因而差异法常和实验直接联系。运用差异法应注意以下两点：

（1）运用差异法，必须注意排除除了一点外的其他一切差异因素。如果相比较的两个场合还有其他差异因素未被发觉，结论就会被否定或出现误差。

（2）运用差异法，应注意两个场合唯一不同的情况是被考察现象的全部原因还是部分原因。

训练3：契合差异并用法

契合差异并用法又叫求同、求异并用法。它的内容是：如果某被考查现象出现的各个场合（正事例组）只有一个共同的因素，而这个被考察现象不出现的各个场合（负事例组）都没有这个共同因素，那么，这个共同的因素就是某被考察现象的原因。该法的步骤是两次求同一次求异。

契合差异并用法可用下列公式表示：

…………

①—BG—

②—DE—

③—FN—

…………

所以A是a的原因。

场合	先行情况			被研究对象
①	A	B	C	a
②	A	D	E	a
③	A	F	G	a
…	A	…	…	a

例如：

某医疗队为了了解地方病甲状腺肿的原因，先到这种病流行的几个地区巡回调查。发现这些地区地理环境、经济水平都各不相同，有一点是共同的，即居民常用食物和饮用水中缺碘。医疗队又到一些不流行该病的地区去调查。发现这些地区地理环境、经济水平也各不相同，但有一点是共同的，即居民常用食物和饮用水中不缺碘。

医疗队综合上述调查情况后，认为缺碘是产生甲状腺肿的原因。后来对病人进行补碘治疗，果然疗效甚佳。这一结论就是通过契合差异并用法而得出来的。

应用契合差异并用法应注意以下两点：

（1）正反两组事例的组成场合越多，结论的可靠程度就越高。

（2）所选择的负事例组的各个场合，应与正事例组各场合在客观类属关系上较近。

训练4：共变法

共变法的内容是：在其他条件不变的情况下，如果某一现象发生变化另一现象也随之发生相应变化，那么，前一现象就是后一现象的原因。

共变法可用下面表格表示：

场合	先行情况			被研究对象
①	A1	B	C	a1
②	A2	B	C	a2
③	A3	B	C	a3
……				

所以A是a的原因。

例如：一定压力下的一定量气体，温度升高，体积增大；温度降低，体积缩小。气体体积与温度之间的共变关系，说明气体温度的改变是其体积改变的原因。

应用共变法应注意以下几点：

（1）不能只凭简单观察来确定共变的因果关系，有时两种现象共变，但实际并无因果联系，可能二者都是另一现象引起的结果。如闪电与雷鸣。

（2）共变法通过两种现象之间的共变，来确定两者之间的因果联系，是以其他条件保持不变为前提的。

（3）两种现象的共变是有一定限度的，超过这一限度，两种现象就不再有共变关系。

训练5：剩余法

所谓剩余法指的是：如果某一复合现象是由另一复合原因所引起的，那么，把其中确认有因果联系的部分减去，则剩下的部分也必然有因果联系。

剩余法的基本规则是：从一个现象中除去通过先前归纳法已知为某些前件（可理解为被研究的某些复杂现象的一部分）结果的那些部分，该现象的剩余部分便是其余那些前件的结果。

剩余法的推理形式如下：

被研究的复杂现象：a、b、c、d

现象的复杂原因：A、B、C、D

已知B是b的原因，C是c的原因，D是d的原因，所以，A是a的原因。

应用：剩余法在科学上的魔力

1.天文学上用剩余法帮助发现新行星

自然科学史上有这样一个例子：

1846年前，一些天文学家在观察天王星的运行轨道时，发现它的运行轨道和按照已知行星的引力计算出来的它应运行的轨道不同——发生了几个方面的偏离。经过观察分析，知道其他几方面的偏离是由已知的其他几颗行星的引力所引起的，而另一方面的偏离则原因不明。这时天文学家就考虑到：既然天王星运行轨道的各种偏离是由相关行星的引力所引起的，现在又知其中的几方面偏离是由另几颗行星的引力所引起的，那么，剩下的一处偏离必然是由另一个未知的行星的引力所引起的。后来有的天文学家和数学家并据此推算出了这个未知行星的位置。1846年，按照这个推算的位置进行观察，果然发现了一颗新的行星——海王星。

在这个过程中就有剩余法的明显运用。就这个例子来说，复合现象指天王星运行轨道的各处偏离（设为甲、乙、丙、丁四处偏离），复合原因指各行星对天王星的引力（设为A、B、C、D四颗行星），通过观察，已经知道偏离甲由行星A所引起，偏离乙由行星B所引起，偏离丙由行星C所引起。那么剩下的部分，即偏离丁必为未知行星D所引起。

2.剩余法也是科学研究中常用的一种逻辑方法

居里夫人对镭的发现就是运用这一方法的又一典型例子。

居里夫人在对沥青铀矿的实验研究中，发现它所放出的射线比纯铀放出的要强得多，纯铀不足以说明这种复杂现象，还有一个剩余部分，这剩余部分必然还有另外的原因（这原因必然存在于沥青铀矿中）。据此，她再次反复研究，后来果然发现在沥青铀矿中还有一种新的放射性元素——镭。

运用剩余法可以发现某个已知事物的未知性质，还可发现某种未知条

件、未知因素甚至未知事物的存在。

运用这种方法是有一定条件的：

（1）剩余法的前提必须真实可靠，如果前提不可靠，则结论也是不可靠的，影响正确论断的作出。

（2）剩余法是研究现象间复杂因果关系的方法，它必须以其他方法推出的结果为基础。因为它在推论现象存在的原因时，必须首先知道某一复杂现象的——部分原因和结果，这就需要事先进行实验或理论的计算，来发现这些因果关系。因此，剩余法不可能成为研究现象间因果关系的起始方法。

（1）光线的照射，有助于缓解冬季忧郁症。研究人员曾对9名患者进行研究，他们均因冬季白天变短而患上了冬季抑郁症。研究人员让患者在清早和傍晚各受3小时伴有花香的强光照射。一周之内，7名患者完全摆脱了抑郁，另外两人也表现了显著的好转。由于光照会诱使身体误以为夏季已经来临，这样便治好了冬季抑郁症。

以下哪项如果为真，最能削弱上述论证的结论？

A.研究人员在强光照射时有意使用花香伴随，对于改善患上冬季抑郁症的患者的适应性有不小的作用。

B.9名患者中最先痊愈的3位均为女性。而对男性治疗的效果较为迟缓。

C.该实验均在北半球的温带气候中，无法区分南北半球的实验差异，但也无法预先排除。

D.强光照射对于皮肤的损害已经得到专门研究的证实，其中夏季比起冬季的危害性更大。

E.每天6小时的非工作状态，改变了患者原来的生活环境，改善了他们的心态，这是对抑郁症患者的一种主要影响。

（2）现在有一个问题，甲、乙、丙、丁四个孩子在院子里踢足球，不留神将一户人家的玻璃给打破了。四个人都很恐慌。在房主人问是谁把球踢到窗户上去的时候，他们谁也不承认是自己打碎的。房主人问甲，甲说："是丙打的。"丙反驳道："甲说的不符合事实。"房主人又问乙，乙说："不是我打的。"再问丁，丁说："是甲打的。"好心人告诉房主人，这四个孩子中只有一个比较老实、不会说假话，其余三个人都说假话。那么，打破玻璃的到底是谁呢？

（3）以下哪项使用的是共变法？

A.敲锣有声，吹箫有声，说话有声。这些发声现象都伴有物体上空气的振动，因而可以断定物体上空气的振动是发声的原因。

B.把一群鸡分为两组，一组喂精白米，鸡得一种病，脚无力，不能行走，症状与人的脚气病相似。另一组用带壳稻米喂，鸡不得这种病。由此推测带壳稻米中有某些精白米中所没有的东西是避免脚气病的原因。进一步研究发现，这种东西就是维生素B1。

C.意大利的雷地反复进行一个实验，在4个大口瓶里放进肉和鱼，然后盖上盖或蒙上纱布，苍蝇进不去，一个蛆都没有。另4个大口瓶里放进

同样的肉和鱼，敞开瓶口，苍蝇飞进去产卵，腐烂的肉和鱼很快生满了蛆。可见，苍蝇产卵是鱼肉腐烂生蛆的原因。

D.在有空气的玻璃罩内通电击铃，随着抽出空气量的变化，铃声越来越小，若把空气全抽出，则完全听不到铃声。可见，声音是靠空气传播的。

E.棉花是植物纤维，疏松多孔，能保温。积雪是由水冻结而成的，有40%～50%的空气间隙，也是疏松多孔的，能保温。可见，疏松多孔是能保温的原因。

答案：

（1）E

研究人员得出结论的方法就是求同法。选项A只是部分地重复了求同法的结论，并没有削弱它；选项B、C、D与该结论不相干，均不能削弱题干。E项对题干的实验，进行了另一种解释，如果这种解释成立，也就是说，如果事实上使患者痊愈或好转的原因，是每天6小时的非工作状态改善了他们的心态（正是这种心态是导致忧郁的主因），那么，就可得出结论，光线照射的增加，和冬季忧郁症缓解这两者之间的联系只是一种表面的非实质性的联系。这就有力地削弱了题干的结论。

应用求同法所得到的认识（即找出的原因）并不都是正确的。因为在各种不同场合里存在的共同条件可能不止一个，而作为真正原因的某一共同条件可能正好被忽视了。因此，通过求同法所得到的认识，应当通过实践或用其他方法去进一步检验。但是，求同法为我们提供了找到现象原因的线索。所以，它作为一种发现现象因果联系的方法，在科学研究和日常生活中经常被人们应用着。

（2）乙

假如甲说的是真话，那么乙说的也是真话了，两个孩子都说真话不符合实际上所了解的情况，故玻璃不会是丙打破的；同样的理由，丁说的也不是真话，所以玻璃也不是甲打破的；剩下的人只有乙和丁了，如果是丁打破玻璃，那么，乙和丙说的就是真话了，这也不符合实情，故也不是丁打破。于是，打破玻璃的只能是乙了。

（3）D

因为D和题干都使用求因果联系的共变法。

在日常生活和生产实践中，共变法被人们广泛地使用着。许多仪表如体温表、气压表、水表以及电表等都是根据共变法的道理制成的。应用共变法时要注意两个问题。第一，只有在其他因素保持不变时，两种现象才能说明因果联系；第二，两种现象的共变是有一定限度的，超过这个限度，就不再有共变关系。

第二十四章

图示思考法：思考导图藏玄机

魔法思考题

会议开始了。出席会议的10人之中，有6位是上海人，7位年龄超过50岁，8位北京大学毕业，9位已婚，而这10人皆为男性。据估计，出生上海、年龄50岁以上、北京大学毕业的已婚男性最多6位，那么最少几个人呢？

原理

生活中不难看到这样的情景：演讲者、企划者或是创意人员，为使相关人员易于理解，他们纷纷以插图或流程图、系统图等来辅助进行说明，用以向人们传达复杂的信息、供销情形及人们的活动等。

其实每个人的思考都是可以通过图示思考来理清的。它完全不受年龄和文化背景的限制。你或许有这种经验，在做数学题时，如果能够根据题意用图来表示，这样做起来思路会更清晰，求解会更简捷。这就是说，你实际上已经进行过图示思考了。无数出色的学生和经理人回顾自己的成功时，不得不将其归因于“拥有一个清晰思考的大脑”，而深层原因就在于掌握了用图示来清晰思考的方法。所以说，图示感觉是非常重要的。图示可以清楚地表明结构，因而人们在解决、思考问题的过程中，就不妨要多利用绘制图示的方法以达到目的。

1. “图示思考”源自形象思考

图示思考的方式即是把思考过程中有机的、偶发的灵感进行“协调”的过程，并利用直观的、可视的图将思考和思考意向记录下来。最初的图示意向是模糊的、不确定的，而着笔的过程则是对图示的不断“协调”。如果一定要让图示思考法认祖归宗、讲明来历的话，它可以被看做是形象

思考的一种。

同逻辑思考一样，形象思考在创新思考中也占据着重要位置。形象思考又称直感思考。其特点在于：理性认识通过形象、图面来表达，思考的材料是形象，接通的媒介是形象，以典型化方式把握本质，有规律，无规则，实例传授，直觉遵从。当我们遇到类似“一张方桌砍掉一个角，还剩几个角”这样的问题时，如果按逻辑思考应该是4－1=3个角，而按脑中图示则应回答是5个角，这就是形象思考。

1911年，卢瑟福根据粒子散射实验，设想出原子内部像个微观太阳系：原子核雄居中心，诸电子则在各自的特定轨道上绕行，这就产生了原子行星模型。古希腊亚里士多德通过月牙上的弧形阴影联想到地球可能是圆的。在这个认识过程中，他将这个弧形阴影加以延伸和改造，用一个想象中的球形物填补于其中。这些过程都是典型的形象思考过程。

第二次世界大战开始，日本偷袭了珍珠港，使美军太平洋舰队几乎全军覆没。可过了不久，1942年4月18日，日本却遭到了美空军的袭击。由于当时美军没有航空母舰把飞机运往日本，所以无法想象这些美国飞机的来历。其实，这一奇迹还是起源于一个飞行员的形象思考：杜立特默默地看着窗外，外面的地上画着航空母舰甲板的外廓，一架架美国飞机正连续向其俯冲，演习轰炸……忽然，杜立特有了发现，“俯冲”的反面不就是“起飞”吗？也就是说，如果只起飞，不回来，去到盟国着陆，不是就不需要那么长和那么大的甲板了吗？于是，用一般舰艇改装，居然将16架B-25轰炸机运到了日本近海，从300海里距离起飞，10架炸东京，2架炸横滨，各有1架去轰炸大阪、神户、横须贺、名古屋，再用到盟国着陆的办法进行奇袭，这大出日本意料。当飞机已到头顶时，日本还以为是自己的飞机在演习。面对当时这一惊人之举，美国总统罗斯福也给出了一个形象思考的回答：这些飞机来自“香格里拉”——传说中的喜马拉雅山麓的神秘王国！

2. 从图示法中诞生的畅销玩具

中国有一种流传了几千年的拼图游戏，叫做七巧板。它是一块方形的薄板，切割成了七片，游戏的玩法是利用这七块板子拼成其他各种图示。长久以来，一直有人试着把它改成三维空间的七巧积木。丹麦作家海恩创造的“索马立方体”当算其中较为成功的。

海恩是在一场量子物理学家海森堡的演讲中得到“索马立方体”的灵感的，当这位著名的德国物理学家谈到以某种方式把空间切成方块的时候，海恩丰富的想象力立刻捕捉到灵感：用一些大小完全相同的立方体，三块或四块连接在一起，形成各种不规则的形状，这种不规则的积木可以组合在一起，变成一个大的立方体。

这里需要说明的是，所谓的“不规则”是指和常见的形状不太一样的图形。因此一个立方体或两个立方体，都不可能结合成不规则的形状。最简单的不规则形状是由三个立方体构成的。海恩指出：两个立方体只能沿着一个坐标轴连接，三个立方体就能多出一个坐标轴来连接，并且与最初的轴互相垂直，等到四个立方体连接的时候，很自然地会出现第三个坐标轴，和前两个轴垂直。而我们不可能用五个立方体来表示出第四个垂直的坐标轴，所以“索马立方体”的基本构造最多只有四个立方体是很合理的。因此，“索马立方体”总共只有七个组件，而这些组件能再组合成一

个大立方体，完全是一个意料之外的惊喜。

海森堡的演说一面进行，海恩一面就飞快地在纸上草草画出了这七个基本结构的形状。它们总共含有27个立方体，可以形成3×3×3的大立方体。演讲一结束，他立刻用27个立方体实际制作出了这七个结构，之后这组结构就以“索马”的名称上市销售，并很快成为欧美地区的畅销商品。

这种图示想象式的思考，可以帮助你变得具有技巧性创新能力。利用基本的图示，可以帮我们描述并分析思考过程中的基本元素及其关系，能描述实物或事件的运动和变化，并有利于进行直观思考。

3. 让你的思考模式图示化

你是否常常会有这样的感觉：头脑空白一片，思考速度太慢，思绪杂乱无章。利用图示思考法可以帮助我们从最基本的形象思考训练做起，快速提升我们的思考速度、广度、深度。将这种方法无论应用在工作、生活或是其他领域，都会使我们获益无穷。

人的大脑除了具有时间维度逻辑思考能力之外，还具有空间维度的直观思考和形象思考优势，直观思考关注的是事物之间的空间关系，形象思考关注的是事物的属性。如果说语言文字是逻辑思考的工具，那么“图”就是直观思考和形象思考的可视化工具。

“图”在实际工作生活中可应用的场合非常多，比如在产品设计中的内容分析环节、会议讨论过程中的阶段性小结、各种资料整理、思想表述过程中进行可视化的记录分析等。

最早根据人脑特征来研究图形思考工具的是英国托尼·巴赞，他20世纪60年代首创了一种以直观形象图示来标识概念之间关系的一种记笔记的方法，并出版了世界级畅销书《开动大脑》。托尼·巴赞还和他的同伴巴利·巴赞一起创作了《思考导图》。

和托尼·巴赞研究思考导图同时代，在美国康奈儿大学，诺瓦克博士则根据奥苏伯尔的先行组织者学习理论着手进行用节点代表概念、连线表示概念间关系的概念图的研究。

随着现代商业的飞速发展，日本的久恒启一教授结合商业企业发展需要创立了商业领域的图形思考模式，有效提升了企业生产效率。

那么究竟如何才能学会这些科学的图示思考方法呢？下面，就让我们来逐一了解这些创新思考方法吧。

训练1：神奇的“概念图”

概念图最早是在20世纪60年代由美国康奈儿大学诺瓦克教授等人提出来的，概念图是用来组织和表征知识的工具。它通常将某一主题的有关概念置于圆圈或方框之中，然后用连线将相关的概念和命题连接，连线上标明两个概念之间的意义关系。

概念、命题、交叉连接和层级结构是概念图的四个图表特征。

——概念是感知到的事物的规则属性，通常用专有名词或符号进行标记。

——命题是对事物现象、结构和规则的陈述，在概念图中，命题是两个概念之间通过某个连接词而形成的意义关系。

——交叉连接表示不同知识领域概念之间的相互关系。

——层级结构是概念的展现方式，一般情况下，一般、最概括的概念置于概念图的最上层，从属的概念安排在下面。

概念图的图表结构还可以包括节点、连线和连接词三个部分。节点就是置于圆圈或方框中的概念。连线表示两个概念之间的意义联系，连接可以没有方向，也可以单向或双向。位于上层的概念通常可以引出好几个知识分支，交叉连接常常形成方向性意义，也是产生创造性思考的关键之处。连接词是置于连线上的两个概念之间形成命题的联系词。如“是”“包括”“表示”等。

诺瓦克教授领导的研究小组，最初把概念图应用于研究儿童科学知识的掌握，因为，科学知识相对具有抽象的概念内涵、丰富的逻辑层次和严谨的科学命题。但很快，概念图的研究范围便超出了科学的范围而扩展到各个学科，甚至被社会上的方方面面所研究利用。如新产品的设计、市场的开发、管理问题的解决等，只要一个复杂的问题需要被明确表达或解决，概念图是一个很好的方法。

如何制作概念图呢?

概念图的制作没有严格的程序规范，一般可以通过以下几个步骤来实现：

（1）确定关键概念和概念等级。首先把关键概念进行排序，从最一般、最概括的概念到最特殊、最具体的概念依次排列。虽然这样的排列是很粗糙的，但能帮助我们确立概念图的结构。

（2）初步拟定概念图的纵向分层和横向分支。在这一步骤中，可以把所有的概念写在活动的纸片上，然后把这些纸片按照概念的分层和分支在工作平台（如黑板、卡纸）上进行排列，初步拟定概念图的分布。利用活动纸片的好处就是允许学习者移动概念以修改概念图的层级分布。当然，用计算机软件制作概念图更好一些。

（3）建立概念之间的连接，并在连线上用连接词标明两者之间的关系。概念之间的联系有时很复杂，但一般可以分为同一知识领域的连接和不同知识领域的连接。特别是交叉连接是判断一个概念图好坏的重要标准之一。交叉连接是不同概念之间的相互关系，它需要制作者的横向思考，也是发现和形成概念间新关系的重要一环。

（4）修改和完善。概念图应不断地修改和完善。诺瓦克认为好的概念图一般要修改三次以上，甚至更多。

训练2：完美的“思考导图”

思考导图是英国人托尼·巴赞创造的一种记录方法，和传统的直线记录方法完全不同，它以直观形象的图示建立起各个概念之间的联系。

思考导图和传统的记录方法相比有较大的优势：

（1）它顺应了大脑的自然思考模式，可以让我们的各种观点自然地在图上表达出来。

（2）能够加强记忆，因为在图示中通过使用关键词，既可以积极地听讲，又强迫我们在做笔记的时候就要思考句子的要点到底是什么。

（3）激发右脑，因为在创作导图的时候还使用颜色、形状和想象力。根据科学研究发现，人的大脑是由两部分组成的。左大脑负责逻辑、词汇、数字，而右大脑负责抽象思考、直觉、创造力和想象力。所以，图像的使用加深了我们的记忆，因为使用者可以把关键字和颜色、图案联系起来，这样就使用了我们的视觉感官。

思考导图在制订计划、组织讨论等方面都具有重要用途。例如讨论问题时，可以把整个讨论用思考导图的形式画出来。对于每一个新的观点，每个讨论者都给予一个自己的符号框图（或颜色）。利用这种方法，首先，使每个观点都可以在图上根据它的位置而判断出其重要性。其次，大家可以明显地看出讨论正在向哪个方向发展，可以使参与讨论的人员把注意力集中在主题上而避免跑题。再者，通过每个人使用不同的符号框图（或颜色），可以显示出是否有一两个人正在控制整个讨论过程，而刺激其他人员多发言。

下面介绍实现思考导图的手段。

准备：纸、笔。几张白纸和不同颜色的笔。

步骤：

（1）把主题画在纸的中央。主题可以用关键字和图像来表示。所谓关键字，是表达核心意思的字或词。关键字应该是具体的、有意义的。这样，有助于我们进行回忆。

（2）考虑“次主题”，也就是在上一层主题下的延伸。

（3）在“次主题”后，罗列更为细节的要点。这个时候要注意的是，不要强迫自己用一定的顺序或结构来罗列要点。任何一个要点出现的时候，尽可以自然地将它用“关键字”的方式表达出来，并把它和最相关的“次主题”连接起来。

（4）整理思考过程。在完成思考导图后，再用阿拉伯数字把它们标记出来。任何一个“次主题”都要用一种颜色来表示。而且，如果可能的话，要尽可能用图像来表达一个关键字，这可以大大加深记忆。

训练3：来自日本的“图示思考法”

这里我们简要向你介绍来自日本的久恒启一教授关于“图示思考法”的一些理论。

“即使是我们的双手触碰不到或眼睛看不到的事物，只要彼此之间存有相互关系的部分，都可以绘制成图示。一旦将脑中思考的抽象部分画成图形，就可以把抽象的思考演化为具体性质的思考。”

1.图解沟通

久恒启一教授认为，通常意义上的“沟通”包含着“理解”“思考”“传达”等三个方面，它的核心部分就是涵盖了策划、创造、构想等一切内容的“思考”。而所谓的图解沟通，则是指自己在从事各项事务时，利用“图示”帮助处理事情、解决问题与思考，并传达想法，累积实务经验，加以开发而成的一项技术。

而人的理解一般会具有这样几个阶段的特征：首先是各个部分的“个别了解”阶段，其次是看到各部分连接的“了解整体体系”阶段，而最后是使用自己的方法“使之能够表现”的阶段。通过图示方法，我们可以经由此三个阶段来增加理解，并借由图解沟通的进行，在“理解”“思考”“传达”等沟通的能力上获得快速的提升。

2.方法与步骤

在培养与开发自己的图示思考能力过程中，我们首先应当有意识地学习与熟悉“图示语言”。我们生存的空间是立体的，而画在纸上的图示是平面的。因此，我们应该对用平面表达立体思考的图表法、剖面法、展开法等“图示语言”有最基本的了解。知道了“图示语言”，就可以“读”懂图示，很容易地将自己的思考以平面图示表达出来。

在这里应当说明的是，我们借由图解所得到的理解是属于自我独树一帜的方式。而形成此形态的根本，并不是去理解对方想要说的是什么？而是要理解自己知道了什么，以及本身的反应。总之，就是要让自己了解到的所有事物结合在一起，然后将整体的形貌，以自成一体的方式整理出来。只要持续进行图示或图解，绘制出来的图就会深植在自己的脑海里。

那么，在具体地绘制图形过程中，需要掌握哪些要素和技能呢？久恒启一在他的书籍《图形思考》中介绍了“寻找关键字”“图示与箭头记号”“标题与解说”“添加说明”等几种方法，下面就让我们来具体了解一下。

（1）“寻找关键字”。久恒启一认为，图解非常重视挖掘关键字，因为图解是关键字的聚集和积累。

那么，什么是关键字呢？

这里所说的关键字，就是用最明确的语言表达最重要的概念。寻找关键字要有比较好的概括能力和把握事物的本质的能力。

具体的寻找方法是：关键字就是文章或演讲中重点强调或者重复率极高的那个词汇。找到关键字需要一些概括和提炼能力，但无论如何，寻找关键字会比一上来就要求我们领会文章的主要意图要简单得多，因此，寻找关键字对于大多数人来说显得并不困难。

久恒启一列举了用图解法来表示便利店特征的关键字寻找方法：

最先出现的有“能够立即购买”“货色齐全”“便于选择”等各种不同程度的关键字。“能够立即购买”是因为商店就在附近，所以“便于到达”。另一个“货色齐全”，构成了“便于选择”的结果。于是将“便于达到”“便于选择”“便于购买”视为关键词，并试着依行动的顺序加以修改。

接下来自然而然出现“所以便于时常利用”的字句。也可以说是，便利商店形成了高比率的“常客”。所以“便于时常利用”表达出高度的方便性。就结果而言，因为“便于到达”“便于选择”“便于购买”，于是直接表现出“便于时常利用”，明确又快速地诠释了便利商店的所有特征。

看，寻找关键字并不是什么太难的事情吧，事实上，如果你投入进去了，就会发现这个过程其实是相当有趣的。不妨自己多练习一下。

（2）“图示与箭头记号”。其实使用图解的基本道具相当简单——只是一些简单的“勾勾”“圆圈”而已，当然还少不了我们自幼就相当熟悉的“箭头”。

首先要了解的是关于圆圈的使用方法。假设有两个被圈了起来的关键字，那么我们就应当思索：哪一边的比较大？哪一个是被其他的圆圈所涵盖了呢，其中的关系如何？

当然，我们可以进行选择：或者用词汇加以表达其中的关系，或者巧妙地使用圆圈进行表达。这都是因人而异，可以选择的。

同时，使用箭头可以帮助我们表达事物之间的关系与流程。各种事物之间的关系，诸如概念、理论、时间等，其实都可以使用箭头来表达。

久恒启一告诉读者，具体的步骤如下：

用圆圈框住关键字，再用箭头把各个关键字相互连接而产生关系，就构成图解的基本部分。分别区隔箭头的使用方向，或是赋予不同的意思，就可以表达出各式各样的关系。图解就是用在显现关系与构造，因此，箭头有着极为重要的任务。

箭头可以有实线、点状线、虚线等变化，使用方法也是花样百出。规定以虚线来表示假设，使用粗线来表示强调，也是其中的方法之一。

如果我们以“=”来表示完全相同的事物，以“-”来表示略有不同之处，就必须记住它的规则。相对的，如果用箭头来表示其中的重要关系，就需要就关系的内容来附注上简短的字句，大概程度的描述即可。

久恒启一还特意强调：绘图就是只写出关键字后加以圆圈框住，

并在圆圈之间用箭头加以连接而已，没有必要的时候不需要说明箭头的意义。只要抽取出几个关键字，并用圆圈框住，连接上箭头，一切就会大功告成。只要常常琢磨，就可以慢慢学会绘制更为复杂一些的图解。

（3）“标题与解说”。对于自己辛苦绘制出来的图解，或许自己认为是完全可以领会的，可以熟知其中的任何内容。殊不知，如果旁人看到却是难以理解其中意义的。因此不论是将完成的图解传达到阅读者手中，还是站在帮助自己重新深入理解的角度上，都最好是养成给图解以标题和适当说明的习惯。

（4）“添加说明”。图解的好处在于可以激发读者的想象力，并将思考加以扩散。而防止并打断这种思考扩散的方法，就是添加说明记录，将重点以说明的方式单刀直入描写出来、传达给对方。

我们在完成图解的时候，总是以为别人也会和自己一样理解图解的内容，其实许多时候，读者即使两眼看着图解，却可能感到理解困难，毕竟这个图解是作者按照自己的意愿而绘制的，如何有效解决这种矛盾呢？那么就需要进行添加说明这个工作。不妨把图解的情况稍加解释说明，简要提示内容等。

久恒启一特别强调：“说明也是图解的一部分。不要自己认为已经足够一目了然，便省去了说明的记述部分。”

应用：“图”让你创意无限

“图”的直观形象的特征让人们能够从整体上把握事物，容易产生创新的火花。在具体运用的时候，根据不同的需要可以选择不同的图形，比如：

可以运用多重原因图、鱼骨图、力场图、控制图等来进行问题求解。

利用思考导图来形成想法。

利用概念图、窗式图等撰写报告。

利用流程图或环形图等来说明流程。

利用控制图、树形图等来进行团队合作。

另外，还可以利用图形解读复杂文本和进行知识挖掘等。

目前思考导图已经在企业界有了广泛的应用，而且取得了较好的效果。

例如：波音公司在设计波音747飞机的时候就使用了思考导图。据波音公司的人讲，如果使用普通的方法，设计波音747这样一个大型的项目要花费6年的时间。但是，通过使用思考导图，他们的工程师只使用了6个月的时间就完成了波音747的设计。

许多企业采用了图解思考的方法后，管理和经营的效率都大大提高了。

日本仙台皇家花园饭店是世界一流的连锁饭店。某天，当全体人员在饭店用完餐后，大家悄悄分散到饭店的各个设施点，各自负责记录下所观察的部分，之后进行长时间的持续讨论，针对每一个具有丰富定义的资讯进行检讨、分类，然后归纳出无数张的图解。最终的结果是，大家共同完成了一份如何提升饭店客服的提案。提案的内容有："问候""与顾客共同成长的饭店""与地区之共存""小细节等于大重点""如何改善现状之提案"等。饭店决策管理层在听取了这些提案后，给予了很好的评价。后来，这家饭店成为日本旅游公司2000年全国饭店使用满意度调查的第一名。

思考地图能让人们把大脑里面的思想用形象化的图形表达出来，同时把各种想法之间的关系理顺，利用思考地图可以使人们的思路变得开阔、清晰、逻辑严密，在设计图示的过程中，"思考"线可以一直"无限"地延伸下去，前提是思考足够活跃，想象力足够丰富。这样的情景可以更好地激发出人们的创造力，培养他们进行创造性思考。

应用图的方式来思考，将会展现思考的无穷魅力，时常体验到创新的火花在闪烁。平时有意识地进行空间想象力的训练，经常做诸如一笔画、拼图连点等"智力体操"，对开发自己的图示思考能力是大有好处的，不妨试一试吧！

占牌大师手拿一张方块的扑克牌。若拿放大镜放大这张牌的一部分，发现呈现以下的图形，那么，这张牌是方块几呢？

答案：

方块8。

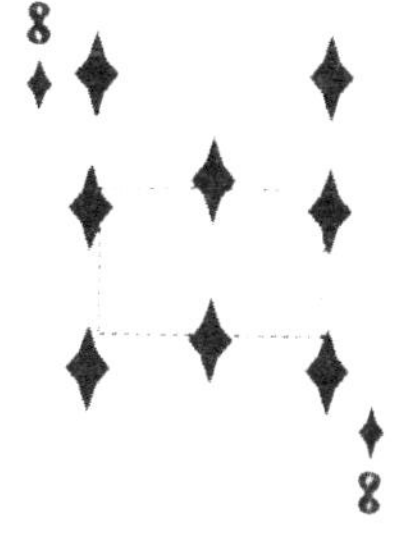

第二十五章

逐步逼近思考法：渐趋佳境会有时

魔法思考题

刘先生任职的公司规定午休时间是从正午长针和短针重叠时开始，一直到下一次长短针再度重叠为止，没有戴表习惯的刘先生想尽量延长午休时间。请问他最迟要在什么时间回办公室？时间尽可能精确到以秒为单位。

原理

所谓逐步逼近法就是我们最初认识的仅仅是问题的表层（面），因此也是很肤浅的东西，然后层层地分析，向问题的核心（实质）一步一步地“逼近”。

讲得具体一点便是，我们先是对事物有一个一般的认识，产生某种印象及其对该问题的大致方向，并且领悟到解决问题可能的方向（这大多是在直觉的干预下产生的）；然后，深入一“层”，进一步认识到对象所具有的各种功能，把认识活动集中在功能的确定上；最后，再进一步将功能特殊化，也就是将对象所具有的各种功能“特殊化”成某一个具体的、实实在在的东西，它触及到问题的本质。这种“逐步逼近法”对我们分析问题、研究问题来说，是相当有用的一种方法。

德国心理学家卡尔·邓克尔曾进行了一个实验研究，该研究基本上可以用来描述我们提出的“层层逼近法”。参加实验的是柏林大学的学生，邓克尔提出一个问题，“假定一个人的胃里生长了一个不能做手术的肿瘤。如果我们应用某种放射线，只要有足够的强度，肿瘤是可以破坏的。问题在于：这样强烈的放射线怎么能够应用到肿瘤上，同时又不会破坏围绕这个肿瘤四周的健康组织呢？”其中一个大学生解决了这个问题，该学

生的思路基本上是采用“逐步逼近法”，只用一个透镜就解决了这个问题。

逐步逼近思考法又可分为分解累进式、完善渐进式、分层递进式、分段推进式等。

下面我们就以分段推进式为例来讲解逐步逼近思考法。

训练1：分段推进式

我国学者王国维在其传世佳作《人间词话》中说：“古今成大事业、大学问者，必须经过三种境界。”哪三种境界？他荟萃三句古代诗词佳句来加以描述：

昨夜西风凋碧树。独上高楼，望尽天涯路。

衣带渐宽终不悔，为伊消得人憔悴。

众里寻他千百度，蓦然回首，那人却在灯火阑珊处。

上述的第一句即第一境界，意为“悬想”；第二句为第二境界，对应“苦索”；第三句乃“顿悟”境界之意。

从王国维的形象描绘中，我们好像看到一位执著书生，夜以继日地埋首于浩繁书卷之后，独上高楼，放眼远望，脑海里逐渐形成自己理想中的恋人；于是在茫茫人海中苦苦追寻，如痴如狂，思念得身体消瘦、面容憔悴也不后悔；忽然有一天发现，原来朝思暮想的心上人就在那稀落灯影下。

其实，这种描述也是王国维本人创作过程中的忘我体验。尽管他说的是诗词创作中的“三种境界”，但是对发明创造活动的展开也具有积极的指导作用。即是说，沿着“悬想——苦索——顿悟”的思考境界一步步推进，是发明创造的一种模式。

通过发明创造实例，我们能更直接地理解这种分段推进法的内涵。

20世纪70年代初期，周林在上海上学。每年冬天，他和许多同学一样手脚长满了冻疮，痒痛难忍，四处求医用药都治标不治本。冻疮的痛苦折磨着他，也引发他的思考：“难道世上就没有更好的办法对付冻疮吗？”带着这个问题，周林四处打听和查阅资料，结果都令人失望。在这种情况下，周林“独上高楼”，产生了求解冻疮治疗难题的“悬想”。

彻底治愈冻疮的新办法在哪里呢？周林进入“苦索”境界。他利用各种机会，收集民间偏方试验，分析打针、吃药、针灸方法，也无进展。在反复琢磨中，他逐渐感到再现前人的研究是没有出路的，只有走前人没有走过的路才有新的希望。但是，这条新路又在何方？几年过去了，周林仍举目茫茫。毕业后，他在工作岗位上仍念念不忘治疗冻疮的课题，苦苦寻找新的治疗方案。在那些日子里，他走路想，吃饭想，连做梦也都在思索。体重减轻了，面庞憔悴了，但顽强的周林对治疗冻疮的新方案“苦恋”不止。

终于有一天，周林步入“顿悟”境界，找到了攻克难关的新思路。那天，他在一台大型砂轮旁打磨铸件，沉重的铸件在砂轮的磨削下产生巨大的冲击振动。瞬间，一股强大的振荡冲击波从双手传遍全身，周林感到热血沸腾，此时，一个灿烂的创造火花在脑海突闪："谐振？谐振？发热？治冻疮？"这一串顿悟，使周林中断了的思考变得通畅，他想到了用电谐振刺激人体血液循环的原理治冻疮。

从此以后，周林便潜心于从生物医学工程和现代频谱技术的结合方面进行研究，终于发明创造出一种治疗冻疮的仪器。这种仪器的核心部件是电热频谱管，它能产生特殊的谐振波。将长有冻疮的手脚放在管下治疗。实践证明，效果明显。1985年10月，周林以其发明荣获首届世界青年发明家科技成果展览会金牌奖。

训练2：三阶段发明法

发明创造，各人有各人的经历，不可能是沿着同一条"思考运河"前进的。但从大量的发明创造案例分析当中，我们又发现这样一个规律：发明创造只是一种过程，它不可能一步登堂入室。因此，将发明创造全过程划分出若干阶段，认识各阶段的特点和应采取的对策，对渴望加入发明创造俱乐部的人来说，无疑是一种入门技法。

如果将发明创造划分为上述的"三种境界"，则称为"三阶段发明法"。

所谓"悬想"阶段，也就是提出创意阶段。这个阶段的特点是要"独上高楼"，提出匠心独具的发明创造课题。由于创造性思考的运用和社会需要的提示，我们开始可能产生较多的创意或设想，只有通过选择才能形成进入苦索阶段的课题。

“苦索”，实际上是分析问题和寻找解答问题的过程。由于发明创造追求的是具有新颖性、创造性和实用性的技术方案，仅仅依靠过去的知识和经验进行逻辑推理是难以如愿的。这个阶段被称做“苦索”。

“苦索”意味着常常会出现苦思冥想仍无所获的痛苦阶段，思路中止了解决问题的办法，“上穷碧落下黄泉，两处茫茫皆不见”。但是，有作为的发明创造者，这时应树立信心，学会灵感思考、发散思考、想象思考和直觉思考，把各种思考方法综合运用、任意组合，就会在思考中促使思考突变，迎来“顿悟”时刻。

进入到“顿悟”阶段，也就是找到了问题求解的突破点。这种“蓦然回首”不仅接通中断了的逻辑思考，而且将创造过程转入具体的技术设计阶段。这时，发明创造者就可凭借自己的知识和能力，用新的技术方案去固化自己由顿悟引发的创造性思考成果。

在这种“三阶段”模式基础上，有人认为还应当增加“验证”过程，即验证顿悟所获的创新方案是否可行，于是又有了发明创造的“四阶段”模式。

如果再精细一点，免不了出现“五阶段”或更多阶段的进程模式。但不管怎样划分，“提出问题——分析问题——解决问题”的基本框架总是发明创造活动的逻辑思路。

应用：逐步逼近法应该注意的问题

运用该法应注意：

（1）接触问题初始，应从观察和实验着手，尽量收集有关资料，对资料进行认真的分析，以求得初步的结论。走好这第一步，为以后的逐步逼近创造良好的条件。

（2）抓事物联系的关键环节为突破点，由此及彼，由表及里，由浅入深，步步逼近，认识事物发展的客观规律。

（3）在逼近过程中，当条件成熟时，应迅速抓住问题或某种适当的概念，实现思考的跳跃，以减少逼近次数。实现“跳跃”需要具备丰富的想象力和敏锐的洞察力。如果不顾条件硬性“跳跃”，很可能弄巧成拙、事与愿违。

国王举行家庭智力比赛，决赛前一共要进行四项比赛，每项比赛各家出一名成员。

第一项参赛的是吴、孙、赵、李、王。

第二项参赛的是郑、孙、吴、李、周。

第三项参赛的是赵、张、吴、钱、郑。

第四项参赛的是周、吴、孙、张、王。

另外，刘某因故四项均未参加。

请问，谁和谁是同一个家庭？

答案：

吴参赛四次，刘某因故没有参赛，可以知道吴与刘是同一个家庭；孙和钱是一家人；赵和周是一家人；李和张是一家人；王和郑是一家人。

第二十六章

仿生思考法：转向生物借智慧

魔法思考题

A向B借10美元，B向C借20美元，C向D借30美元，D又向A借40美元。在一个偶然的机会中四人共聚一堂。这时，四人决议将钱还清。他们想在移动金钱最少的情况下结清账，请问他们应如何解决这笔账？

原理

为了生存与发展，人类一开始就有仿生思考活动和仿生的行为要求，广泛模仿有关生物的形状、结构、功能等，用于制造先进工具。仿生的思想古已有之，然而仿生学却只是20世纪60年代才正式成为一门边缘科学的。仿生、借鉴、模拟、创造，在科学技术的发展上占有重要位置。婴儿就常常模仿身边家禽、家畜的动作，鸡鸣、狗叫、鸟飞、兔跳、猴戏、马跑是儿童经常模仿的对象，周围的许多动物都能对儿童产生示范效应。仿生、模拟往往是创造性思考的开始。人类向生物界学习借鉴了不少东西，蝙蝠由喉头发射声波，用听觉代替视觉，超声波遇到障碍反射回来，由听觉吸收能避开前进障碍，即使在黑暗中也能任意飞行，这种雷达式的特异功能的秘密被揭开以后，人们就模仿生物功能制造了声纳雷达，用以定向和测距，被广泛用于科学实验、经济发展、国防事业中，现在又模仿蝙蝠定位的原理，制造了帮助盲人探路的声纳眼睛。蝙蝠的飞行本是司空见惯的现象，而意大利科学家、现代实验生物学的奠基者之一的斯帕兰查尼，却独具慧眼，不迷信权威，推倒了居维对蝙蝠飞行出现的错误解释，使模仿性与科学性、理论性与实用性达到了和谐的统一，对人类文明作出了贡献。

在早先研究潜艇的速度时，人们发现潜艇的速度总难提高。由此人们想到了游得极快的海豚，究竟是什么原因使海豚有那么高的游泳速度呢？经研究发现，其关键之一在于皮肤的特殊结构，于是他们制造了类似海豚皮的潜艇，便很快提高了潜艇的速度。人们沿着对生物功能的研究，在仿生思考指导下，已经生产各种仿生技术装置。狗具有比人灵敏100万倍的嗅觉，能感觉出200万种物质的不同浓度的气味，人类利用不同气体对紫外线吸收程度的不同特点，制造了嗅觉灵敏的电子鼻、电子警犬。根据响尾蛇的热定位原理，制造了响尾蛇导弹。即使小小的昆虫也有仿生的实用价值，模仿昆虫的楫翅制造了陀螺仪；模仿翅痣消除了飞机的剧烈振动；模仿水母耳的特异功能制造了“风暴预测器”；模仿普通蛋壳和乌龟型改进了建筑结构。自然界尚有大量奥秘，亟待我们树立仿生观念去开发和利用。

作为一种科学的思考，仿生思考方法有其自身的特征，认识和掌握这些特征，便可以更加自觉和有效地运用它。

训练1：仿生类比

类比法是人类的认识和改造客观世界活动中的一个不可缺少的思考方法。科学的许多重要理论，最初往往是通过类比而提出来的；科学史的许多重大发现，也是运用类比法而取得的。类比法的种类很多，这里主要介绍的就是仿生类比。仿生是人们模仿生物某种特殊功能的创造性活动，人们在研究生物某种特殊能力的时候，把设计构想和生物功能的相似点作为思考的依据。这种找出和生物相似点的思考，就是仿生类比。

仿生类比区别于其他类比方法之处在于，它不是以一物推断另一物，而是以一物创造另一物。总之，它不是重复而是创新。例如，科学家们在南极考察常常会遇到暴风雪，行走十分艰难。即使是陆地上的汽车，在这种环境下也很难行驶。怎样才能克服在极地上走路难的问题呢？经过研究，工程师们发明了一种极地汽车，它没有车轮，其地盘贴在雪地上用轮钩推动其在雪地上快速行走，速度可达每小时50多公里。那么，极地汽车是怎么发明的呢？原来南极考察队的科学家们经过观察，从企鹅的身上得到了启发：企鹅是滑雪冠军，每个小时可以行走30公里。在暴风雪里，企鹅的腹部贴在雪地上，双脚蹬动，行动十分迅速。于是，科学家们模仿企鹅的体形和动作，设计了形状似企鹅、底部贴地，形似企鹅双脚的轮钩扒雪前进的极地汽车。极地汽车的发明和运用，是创造仿生思考方法的应用，是人从生物界学到的一项战胜困难的技术。

训练2：实用仿生

人们模仿生物的功能，绝对不是为了模仿而模仿，而是为了弥补人的功能的某些不足，以便更有效地从事科学实验和生产。因此，仿生思考方

法的又一特点就是实用性，就是模仿创造有价值的物品来。

你听说三只耳朵的老鼠吗？它的确很怪，而且第三只耳朵是长在背上的。更为奇怪的是，那不是鼠类的耳朵，而是移植的一只人耳。这个是美国麻省理工学院组织学工程师们的杰作，也是仿生实验的尝试。这项实验的成功，代表了21世纪医学的新发展，标志着正在蓬勃发展的仿生组织工程学的新趋势。

人的任何器官短缺，都会给人的生活、学习和工作带来不便。虽然人的器官移植可以有限地医治某些器官的缺损，但是有些器官单靠人类自身移植可以说是相当困难的。在仿生思考方法的启示下，医学家们经过不懈努力，已经研制出许多用于人体的器官。目前，已经得到应用的人体器官有以下几种：

一是人造皮肤。它早已进入医院临床使用。俄罗斯的医学家们已经掌握了培养人造皮肤的革命性的方法，它可以用来拯救烧伤患者的生命。这项技术主要包括：制造一种培养液，主要用来培养健康组织，它可以像凝胶一样贴到烧伤处。这种凝胶液中含有的细胞随即开始生长，并逐渐发育成真正的皮肤。

二是人造眼睛。它的问世将会为盲人带来光明。医学家们利用微电子技术，把微型摄像技术运用于“眼睛”的制造上，通过光电转换装置和人体内神经结构系统，把摄像和脑内视神经联结在一起，使人能够正常地看到物体。另据报道，意大利的科学家们已经培养出了人工角膜，今后为复明而移植角膜，已经不再依赖于有限的角膜捐赠者了。

三是人造骨骼，包括手指、脚趾、假肢等。人造骨骼将由笨拙的假肢向智能化的“真肢”方向发展，使人造骨骼和正常的肢体一样具有冷热、疼痛的感觉。

四是人造心脏技术的日趋完善，并将得到更加广泛的应用。至于其他人工脏器，难度比较大，离实际应用还有一段较长的路要走。但是人造器官的前景是十分广阔的，正如哈佛大学著名科学家、组织工程领域的创始人瓦康迪教授所说：“我想，21世纪我们会晓得如何将人类每一个器官制造出活生生的代用品。”人们乐观地预测，只要假以时日，实验室将会培养出实用的功能完全的肾脏、肝脏和各种人体的器官来。

训练3：创造仿生

这是仿生思考方法的最重要的特点，也是人的创造力的表现。众所周知，电脑也是仿生的产物，只不过这个“生”不是一般的生物，而是模拟人脑的功能，也可以说是“仿人”。

随着高速运算的需要，为了克服超级芯片和机器的局限，将包括试管、承物玻璃片、溶液甚至脱氧核糖核酸等生物化学和遗传工具在内，用以研制生物计算机，将无疑是最富有创造性的仿生研究课题。

每一种有机生命体中存在着DNA，这种分子作为一种超级计算机装置的吸引力，在于已经证实它存储在DNA中。尽管这种物质不会在短时间内取代个人计算机，但是科学家们的研究已经取得了进展，向人们演示了这些满载信息的分子怎样在计算机中执行计算任务。美国威斯康星大学的科学家在《自然》杂志上发表的报告指出，他们已经发现了一种利用附着在镀金物体表面的DNA分子链完成简单计算的方法。

目前，利用个人计算机进行计算仍然比使用生物计算机快得多。但是，几克DNA也许就可以存储世界上已知的所有信息。科学家们预言，这种生化物质最终将会成为效率最高的存储和处理信息的媒介。与传统计算机相比，DNA计算机的真正优势在于，它可以同时对整个分子库里所有分子进行处理，而不必按照次序一个一个地分析所有可能的答案。

应用：从有效性上沟通

仿生思考方法打破了生物和机器的界限，将各种不同的系统沟通起来，以创造出新的仿生功能的产品。由于仿生思考方法并不注重机器、动物或人等系统的内部物质、能量、元件、结构、效率的情况，而只考虑整个系统在功能行为上的有效性；因而它是科学研究中一种简便和有效的方法，在人们的实际工作和社会生活中有着十分广泛的应用。

1.在机械制造方面的应用

模拟生物的功能制造出新的机器，在仿生应用领域上有很大的空间，例如跳跃机、极地越野汽车、机器人、机械手等。大袋鼠是生活在澳大利亚的稀有动物，是动物界的跳跃冠军，它每跳一步可达六七米远，若是顺坡向下跳可达12米远。它的奔跑速度也很快，每小时可达65公里，几乎和汽车速度相当。由于它擅长跳跃，它可以跳过二三米高的障碍物。在对大袋鼠特征观察的基础上，科学家们模仿它的跳跃姿势发明了无轮汽车，被命名为跳跃机，作为在沙漠、荒原上行驶的交通工具，使用起来十分方便。

2.在观测系统上的应用

我们都知道雷达用于坚实动态飞行的目标，而这种功能要得助于一种叫做“电子蛙眼”的仪器。电子蛙眼是人们在长期对青蛙特异功能观察的基础上，对青蛙最特别之处的一对凸起的眼睛进行模仿发明的。这对眼睛对精致目标并不灵敏，它是百发百中的“神枪手”。经过研究，科学家们发现蛙眼有四种“检测器”，它们分别担负着辨识、提取视网膜图像的不同的功能。正是基于蛙眼的这种奇异的功能，科学家发明了一种电子蛙眼，把它转入雷达系统，用来快速而准确地识别动态的飞机、舰艇和导弹等。电子蛙眼还广泛地应用在机场等的交通管理上，它能监视飞机的起飞和降落，指挥车辆的行驶，防止碰撞事故的发生。除此之外，根据仿生原理还发明了电子鸽眼等，它们在军事领域都得到了广泛的应用。

3.在通讯系统中的应用

在自然界中，有些动物的声呐功能超过了人类，如蝙蝠、海豚等，它们拥有精巧、灵敏、快速的声呐系统。那么，能否模仿它们的声呐功能为军事和科学研究服务呢？科学家们经过研究，模仿这些动物的声呐特征，改进航海、航空的声呐定向、导航和通讯系统，用于发现隐藏在水中的潜艇、水雷、鱼群、暗礁和空中的隐形飞机等，以保证军事任务的完成。

4.在生物化学工业上的应用

生物的活细胞犹如天然的“小化工厂”。在细胞中，可以同时发生1500~2000个化学反应，而且完成这些化学反应的速度极快。例如，由氨基酸开始一条由150个氨基酸组成的肽链仅需要1分钟。原因何在呢？最根本的原因就在于活细胞的化学反应中，生物酶在起催化作用。据估计，一个活细胞中往往含有几千种生物酶，而且它们有很高的选择性，一种生物酶仅催化一个特定的反应。鉴于生物酶的神奇效应，人们正在努力寻找把生物酶用到化学工业中去的有效方法。于是，人们用仿生的方法合成生物酶。对生物固氮酶的生化研究和化学模拟，是人工合成酶研究的一个典型的例子。经过科学研究人员的努力，这项研究已经取得了可喜的成功。据介绍，只要突破了大规模生产的困难，这项成功最终可以达到实用的阶段，那时候不仅可以得到充足的化肥，而且对于化学工业也将产生深远的影响。

5.工艺设计上的应用

生物界经过亿万年漫长岁月的不断进化，机体结构有了极其完美的设计，可以说达到了精确无比、非常完善的地步，远远超过了人类设计的各种装置。因此，生物机体的构造和它们特有的功能，就是我们进行各种仿生设计的一部“参考书”。例如，人和动物的血管系统包括血管的排列、管径的匹配，都对水利系统的设计有参考价值；植物绿叶的叶脉配水系统，也是水利和输油管系统设计的参考模型；各种水生动物用于沉浮的机制，早已为潜艇和其他潜水系统的设计提供了有益的借鉴；贝壳类生物具有很薄的贝壳，表面呈弧形，因而能耐受很大的压力。由此，人们受到启发，在建筑上出现了薄壳结构的屋顶。

还有一个典型的例子是模拟蜂窝形状的建筑。蜜蜂不仅精于采粉酿蜜，而且还是技术高超的“建筑师”。它们用蜂蜡一昼夜就能造出几千间房子，而且每间的体积几乎都是0.25立方厘米。蜂窝师极为规则的等边六角形，壁厚也是十分精确，严格保持在0.073±0.002毫米的范围内。六角形的蜂窝更是独特，不仅可以节省材料获得最大的居住空间，而且还能以单薄的结构而获得最大的强度。人们从蜂窝结构得到启示，已经仿制出材料省、重量轻、强度大、隔音和绝热性能优良的建筑。

英国科学家达尔文经过多年的潜心研究，奠定和创立了生物进化论的基础。可在当时他的理论是不被接受的，常常有人在各种时间、各种场合刁难他。

一次，达尔文参加了一个宴会，并和一位长相甜美的妙龄小姐交谈起来。可这位小姐却突然问他：“达尔文先生，既然你的理论说人是由猴子变来的，那么我也是这样吗？”

这个问题让达尔文感到很为难。因为这位小姐在宴会上是众人关注的焦点，如果达尔文坚持她也是由猿进化而来的，那么势必就会激起所有人的不满；如果自己说不是呢？那又违背了自己的理论。在这种情况下，达尔文突然想到了一个两全其美的答案，既使这位小姐很满意，又捍卫了自己的学术尊严。

那么，你猜达尔文是怎么回答小姐的问题的呢?

答案：

面对这位小姐，达尔文很从容地回答道："您当然也是由猿进化而来的，不过很显然，您是由非常迷人的猿进化而来的。"

第二十七章

证实思考法：检验真理有标准

魔法思考题

桌上有一堆盐和一堆砂糖。分不清哪堆是盐，哪堆是砂糖。如果规定不能用舌头舔，也不能使用工具，你有办法分辨出来吗?

原理

证实思考方法是指人们动用有效的手段对已有的理论定律，对提出的假设和预言，对企业生产的商品的真实性予以证明的思考方法。在人们的心目中事实是最具有权威、最具有说服力的。因此，运用事实证明是人思考活动中极其重要的手段，在证实思考方法中占有重要的地位。事实在人们思考活动中的作用有二：一是为某处理论定律的正确性提供可靠的证明依据。二是为辨别真伪提供依据。总之，事实是人们进行思考的基础，是检验真理的标准。

证实思考方法在科学研究中有着广泛的应用，可以毫不夸张地说，没有“证实”就没有科学的发现与发明。应当说，科学上的每一个学说的创立，每一个重大发明的诞生，都是证实思考方法的成功应用。与此同时，我们还应看到在科学研究中“证实”与“证伪”是相辅相成的，应该把“证实”与“证伪”看做是两大方法论范畴即“证明”与“发现”的代表。

运用证实思考方法的关键在于“证”和“实”二字，它们是辩证统一的，“证”的目的是要得到“实”的结论，而要“证”必须用“实”来证。所以，在证实思考方法的训练中，“实”既是手段又是目的。那

么，在运用证实思考方法时，又用什么办法来证实呢？一般来说，办法有以下三种。

训练1：观察证实

观察就是有意识有目的地去认识事物，它是一种积极主动的认识活动。学会观察，养成观察习惯，培养观察的严谨科学态度是提高思考能力的首要步骤，是科学发现与发明的重要途径。因此，观察对于证实思考方法来说，是经常借用的手段之一。它的重要性正如英国著名物理学家法拉第所说："没有观察就没有科学，科学发现诞生于仔细的观察中。"

例如，在我国南海发现"可燃冰"，就是通过观察发现的，这也是证实思考方法的应用。美国、日本最早在各自的海域发现了"可燃冰"，那么在中国的近海有没有"可燃冰"存在呢？2005年，广州市海南地质调查局利用地震波探测仪对海底地表进行观察，发现了南海区域有"可燃冰"存在。接着，在我国东海也发现了"可燃冰"的踪迹。据悉，国家已组织力量就全国"可燃冰"资源进行勘察，并着手研究"可燃冰"的开采和运输的问题。

"可燃冰"是什么？我国南海海底为什么存在"可燃冰"？这又是需要用证实思考方法予以回答的问题。所谓"可燃冰"，外形似冰，透明无色，可以燃烧，学名叫"天然气水合物"，是天然气（甲烷）被包进水分子中，在海底低温与压力下形成的透明的结晶。之所以在南海海底能够形成“可燃冰”是由于天然气和水也可以在2℃~5℃结晶，而南海海底在600~2000米以下的温度压力条件下，却很适合“可燃冰”的生成。

与石油、天然气相比，“可燃冰”的优点更为突出。1立方米的“可燃冰”释放出来的能量相当于164立方米的天然气，目前公认于全球的“可燃冰”总储量为煤、石油、天然气总和的2~3倍。我国南海也有巨大的“可燃冰”带，能量总量相当于全国石油总量的一半。如果它们得到有效的开发与利用，对于缓解世界能源的短缺将会有重要的作用。

训练2：推理证实

推理是一个由此及彼、由表及里的思考过程，“此”表示是已知的判断（前提），而“彼”和“里”则是未知的判断（结论）。由前面提到的结论之间的思考过程就是推理。推理依据的是事物间的必然联系，只要掌握了这种必然联系，根据真实的前提和正确的推理形成，就能够推导出真实的结论。

例如，数学上“哥德巴赫猜想”的证明，就是运用推理的方法来证明的。所谓“哥德巴赫猜想”是1742年德国著名数学家哥德巴赫在给他的同行欧拉的一封信中提出一个设想：每个不小于6的偶数都是两个奇数和（简称1+1），这个假设被后人称为“哥德巴赫猜想”。

“哥德巴赫猜想”被认为是世界上最难的数学问题之一，两个多世纪以来，为证明这个猜想，世界上许多著名的数学家为此付出了艰辛的劳动，但仍然没有得到完全证明。中国著名的数学家陈景润以毕生的心血，投入“哥德巴赫猜想”的研究。他于1973年发表的论文《大偶数必为一个奇数与不超过两个奇数之和》（即1+2），把“哥德巴赫猜想”的证明大大向前推进一步，使我国在这一领域处于国际领先地位，国际上称为“陈氏定理”。

训练3：实验证实

客观世界中的物质变化，人们有时是不能用肉眼观察到的，这就需要创造一定的条件，运用仪器设备进行观察、测定它的性能，了解其变化规律，这就是广泛意义上的实验。通过实验人们能够作出新的科学发现与发明，可以对现有的理论证实或证伪。因此，科学家们都十分重视科学实验的作用，正如前苏联数学家奥凡涅斯·萨尔卡瓦所说：“没有实验，任何意见都是靠不住、行不通的，因为唯有实验才是可靠的。”

1997年2月23日，英国苏格兰菱丁堡罗斯林研究所由伊恩·维尔穆特和基斯坎贝尔领导的科学家小组用“克隆”技术“复制”芬兰绵羊获得成功，消息传出后在全世界引起震动，这是20世纪以来最大的一次科技突破，它标志着生物学时代已经提前到来了。

什么叫“克隆”？“克隆”是英语单词Clone的译音，意为主物体通过个体细胞进行的无性繁殖，以及由无性繁殖形成的基因型完全相同的个体组成的种群，在自然条件下，许多植物本身就适宜无性繁殖。在动物界，无性繁殖多见于无脊椎动物，如原生动物的分裂生殖。那么，哺乳动物能否进行无性繁殖呢？克隆绵羊“多莉”的诞生，对此作了肯定的回答。

“多莉”是怎么“克隆”出来的呢？它是实验的结果，是证实思考方法的具体应用。为此，科学家们必须经过一系列复杂的实验操作程序。据介绍，研究者是从一只母羊的乳房里摘取了一个单细胞，把它放在实验室培养，用外科手术法除去第二只羊卵细胞内的细胞核换上第一只羊的细胞核，然后把换过细胞核的细胞在实验中培养为胚胎，再把胚胎植入第三只羊的体内孕育而产下的“多莉。”

克隆绵羊“多莉”的实验技术相当复杂，堪称目前生物技术的尖端。为此，维尔穆特博士在实验室里度过了23个春秋，他领导的科研小组终于在经过了274次的失败后才获成功。因此，维尔穆特被誉为“多莉”的助产士。克隆“多莉”的成功，对胚胎学、发育遗传学、医学和制药都会起到无可估量的深刻影响，因此，无论如何估价，它的意义也不为过。

应用：科学研究上注意三个问题

证实思考方法应用极为广泛，特别是在科学研究中。在运用这种方法时应当注意三个问题：即时间性问题、真理的相对性和存疑问题。

首先，是时间性问题。这是因为科学上有些理论的证实，有时需要几年、几十年、几百年甚至更长的时间。如果没认识到这个特点而急于求成，那么我们就有可能漏掉发现真理的机会或作出错误的结论。例如，自1543年哥白尼提出日心学说后，前后经历了两百多年的斗争，其学说才为人们所接受。由于时代的局限，在哥白尼的学说作了数学论证以后，哥白尼的日心说才建立在更加稳固的科学基础之上。

其次，关于真理的相对性。辩证唯物主义认为真理是客观的，既是绝对的，又是相对的。只有认识这个特点，才不会在对真理的证实过程中出现僵持的认识。例如，牛顿力学就是仅仅适合于绝对时间和空间的相对真理。爱因斯坦创立的相对论，对时间和空间这样一些基本概念作了根本改造，破除了牛顿力学的老观念。于是，有人提出："只有承认牛顿的理论是错误的，爱因斯坦的理论才能被接受。"然而，在爱因斯坦看来，牛顿力学并不是一个应当批判的靶子，而应当是一个需要校正的武器，不是一块可以抛弃的废物，而是一块可雕琢的璞玉。他的看法是正确的，完全符合相对性。

再次，关于"有疑"问题。在科学研究上常常有些问题，既不能证实又不能证伪。如何正确对待这类问题呢？正确的做法应当是暂时"有疑"留待将来解决。对于UFO外星人、火星上的生命现象、恐龙绝灭的原因等一类问题，虽然还不能对它们证实，但也不宜轻易作出否定的结论，否则有可能失去发现、发明的机会。

练习

人称“包青天”的包大人，小时候就是一个很爱动脑筋想问题的孩子。

有一次，包拯的姐姐问他：“包拯啊，你长大以后准备干什么呀？”

“我要当个为民办好事的大官。”

“做大官可要审得清案子呀，你行吗？”姐姐问道。

“只要心里想着老百姓，不要光想着自个儿，公公正正，不偏谁，不向谁，案子总会审得清的。”小包拯蛮有信心地回答。

“那好，我明儿就先让你审个案子。”

第二天一早，姐姐把一个煮熟的鸡蛋悄悄地给了包拯的一个同学，叫他吃，然后让弟弟查出这个蛋是谁吃的。

小包拯先看了看大家的脸，十几个人一个个都是笑眯眯的，看不出什么来，姐姐神气地站在一旁。究竟是谁吃了鸡蛋呢？

如果是你，该怎么知道谁吃了鸡蛋呢？

答案：

包拯倒了十多碗清水，分给每个同学一碗，接着说道：“你们都用碗里的水漱口，再把漱口水吐回碗里。”结果，只有一个同学的漱口水碗里漂着鸡蛋的残渣。当然一下子就找到吃鸡蛋的人了。这回连姐姐都心悦诚服了。

附录

思考题答案

【思考题1答案】

把9个桶分三组，每组3桶，在天平两边各放一组，如果平衡，就说明醋在第三组里，如果不平衡，就说明醋在轻的那一组里。然后按同样的办法再称一次就可以找出那桶醋了。因此，至少得称两次才能找出那桶醋。

【思考题2答案】

让我们用A、B来表示两个大奶桶，然后按如下步骤倒奶，即可满足两位妇人的要求。

用奶桶A注满2500克奶瓶；由2500克奶瓶注满2000克奶瓶，余500克奶；将2000克奶瓶中的奶倒入奶桶A；将2500克奶瓶中余下的500克奶倒入2000克奶瓶中；由奶桶A注满2500克奶瓶；将2500克奶瓶中的牛奶倒入已有500克牛奶的2000克奶瓶中，余1000克；

把2000克奶瓶中的牛奶全部倒入A桶中；用B桶中的牛奶注满2000克奶瓶；由2000克奶瓶注满奶桶A，余1000克。这时，每个奶瓶里都有1000克奶，如此便满足了两位妇人的要求。

【思考题3答案】

在12小时中，钟表的时针和分针共重合11次，而期间的时间间隔是完全相等的。这样，钟表的时针和分针每重合一次，便换一个人站岗，11个人站岗的时间也就完全相等了。

【思考题4答案】

用5个男子、25个女子和70个孩子，恰好搬完100只箱子。

【思考题5答案】

在这个过程中，张三赚钱了，赚的钱数是20元。如果把这个完整的过程看做是张三做了两次买卖，那么人们便很容易看出张三每次赚10元，共赚了20元，而这里的关键是很多人都把这个过程看做是一次买卖而搞错了答案。如果看做一次买卖的话，那么张三本应赚30元，但他却因中间卖给了李四而让李四挣去了10元，所以最后张三挣的钱仍是20元。

【思考题6答案】

取法如下：把20克砝码放在天平一边，把药粉分放在天平两边，使天平平衡。这时，天平两边分别有45克和25克药粉。然后，取下药粉，天平一边仍放20克砝码，另一边放25克药粉，并不断取出，使天平再次平衡。这样5克药粉便取到了。

【思考题7答案】

把12个球编成1，2……12号，则可设计下面的称法：

左盘右盘

第一次1，5，6，122，3，7，11；

第二次2，4，6，101，3，8，12；

第三次3，4，5，111，2，9，10。

每次称都可能有平、左重、右重三种结果，搭配起来共有27种结果，但平、平、平的结果不会出现，因为这与题目不符。同样，左、左、左或右、右、右的结果也不会出现，因为在我们设计称法时，没有同一个球三次在左边或者是三次在右边的情况，所以在只有一个不合格球的情况下，便不会出现上述结果了。在其余有可能出现的24种结果中，每两种结果可以确定一个球是重还是轻。例如：如果称的结果是平、平、左，就可以断定不合格球是9号，而且9号轻些；如果结果是平、平、右，仍可以断定不合格的球是9号，而且9号球重些。同样，如果结果是左、右、右，可以断定1号球不合格而且重些；如果结果是右、左、左则仍可以断定1号球不合格而且轻些。同理，如果出现其他情况，按照这一办法，也可以顺利地把不合格的球找出来。

【思考题8答案】

只要把最短的两条铁链(3个环和4个环)所有7环都凿开了，就可以用这7个环去把其他8条铁链连在一起了。

【思考题9答案】

葡萄中干物质的重量始终不会变。过去100千克葡萄含水99%，那么干物质应：1000克。现在这1000克干物质的重量占了葡萄总重量的2%，比例上扩大了一倍，因此，葡萄的总重量应为50千克。

【思考题10答案】

把水桶倾斜，让水恰好到桶边，这时如果桶底完全浸没在水里，说明水超过半桶；如果桶底只露出桶底的最高点，说明水是半桶；如果桶底有露出水面的部分，就说明水不到半桶。

【思考题11答案】

把指路牌立起，让指向甲地的箭头朝着他来的方向，那么乙地和丙地的方向也就同时指出来了。

【思考题12答案】

猫获得胜利。当猫跳完第一个100尺时，刚好跳了50次，所以全程需跳100次。狗跳100尺时，前33次跳了99尺，为了最后1尺，不得不多跳1次，在回程时也需要34次。所以在200尺的全程中，狗总共跳了68次，等于猫跳102次所用的时间，因此自然是猫获胜。

【思考题13答案】

3只母虎以A、B、C代表。3只小虎以甲、乙、丙表示。要想全部渡河，需要渡11次。

【思考题14答案】

最少需要13分钟。开法如下：先开A、B船过河需2分钟；然后开A船回，需1分钟；再开C、D船过河，需6分钟；然后开B船回，需2分钟；最后开A、B船过河，需2分钟。

【思考题15答案】

4次比赛的名次如果分别为：（1）甲、乙、丙、丁；（2）乙、丙、丁、甲；（3）丙、丁、甲、乙；（4）丁、甲、乙、丙，就会出现题中所述的情况了。

【思考题16答案】

4折后，井口上方余下的绳子总长为4×3=12（尺），5折后余下

5 × 1=5（尺），这里井的绳子少了7尺，是因为井里多放了一行绳子，由此可知，井深为7尺。

【思考题17答案】

59分钟。从一个细菌到分裂成两个时，需要时间1分钟。因为题目是从两个细菌开始分裂，所以，可以节省掉最初的1分钟。

【思考题18答案】

如不假思考，可能会回答：8公里/小时，其实不是。如果全路程是“1”的话，那么前一半路马走1/2 ÷ 12＝1/24（单位时间），而后一半路程走1/2 ÷ 4＝1/8（单位时间）。全程应该走1/24＋1/8＝1/6（单位时间）。因此平均速度应为1 ÷ 1/6=6（公里/小时）。

【思考题19答案】

假定要求的距离是2x步。前一半路程，2步一数是$x\sqrt{2}$；后一半路程，3步一数是$x\sqrt{3}$。根据条件，2步一数比3步一数多了250。因此，$x\sqrt{2}-x\sqrt{3}$＝250，$x\sqrt{6}$＝250，x＝1500（步）。所以，整个距离是2x＝3000（步）。

【思考题20答案】

假设大雁的数量一共有 x 只，后来陆续增加了x，50%x，25%x和1只，这样总共就有了100只，$x+x+x\sqrt{2}+x\sqrt{4}+1$＝100（只），最后，x=36（只）。

【思考题21答案】

3点的时候敲3下，中间有两个时距，两个时距共花了3秒，1个时距应该是3/2秒。7点时，时钟敲了7下，一共有6个时距，就是3/2秒乘以6等于9秒。

【思考题22答案】

没有被风吹灭，一直点燃着的7支蜡烛，最后也要自己燃尽。因此，在房间里最后只剩下那3支被风吹灭的蜡烛。

【思考题23答案】

男女两人不可能同时踏出左脚走。

男→右　左　右　左　右　左　右；女→右　左　右　左　右　左　右　左　右　左

【思考题24答案】

0人。如图中表格排出的情形所示，6位之中没有一位符合所有的条件，所以最少0人。

【思考题25答案】

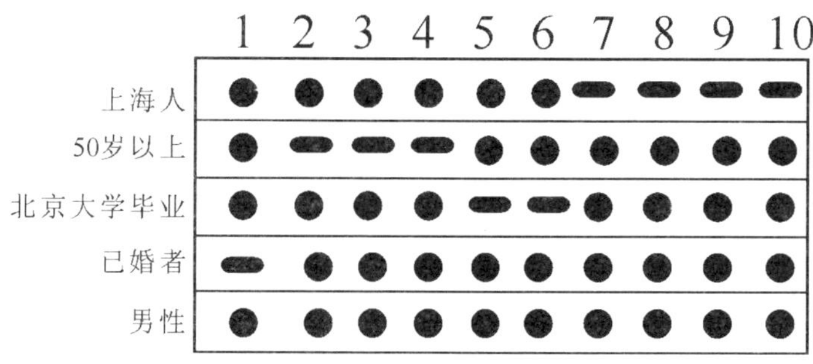

下午1点5分27秒。长针和短针在12个小时内会重叠11次，所以某次重叠时间到下次重叠时间的计算方式应该是：12小时除以11，约等于1小时5分27秒。

【思考题26答案】

B、C和D各出10美元还给A即可。如此，只有30美元被转移。如果不善处理的话，可能要有100美元的周转金。

【思考题27答案】

有。一直等到蚂蚁来就知道了。